AF361130

PETITE MONOGRAPHIE

DU TABAC

OU

SOUVENIRS DES LECTURES D'UNE DÉBITANTE SUR
L'ORIGINE, LA CULTURE, LA RÉCOLTE ET LA FABRICATION
DU TABAC ;
SA CONSOMMATION, SON USAGE ET SES EFFETS ;
SA LÉGISLATION
EN FRANCE ET DANS LES AUTRES PAYS.

Les Persans disent que s'ils n'avaient
pas DE TABAC , ils n'auraient pas LE
DAMAQUÉ, c'est-à-dire *l'allégresse* au cœur.
J. B. TAVERNIER.
(Voyage en Perse et aux Indes.)

PRIX : 1 f. 30 c.

SE VEND
CHEZ LES DÉBITANTS DE TABACS
A PARIS ET DANS TOUT L'EMPIRE FRANÇAIS.

1856

PETITE MONOGRAPHIE

DU TABAC

PETITE MONOGRAPHIE

DU TABAC

ou

SOUVENIRS DES LECTURES D'UNE DÉBITANTE SUR
L'ORIGINE, LA CULTURE, LA RÉCOLTE ET LA FABRICATION
DU TABAC;
SA CONSOMMATION, SON USAGE ET SES EFFETS;
SA LÉGISLATION
EN FRANCE ET DANS LES AUTRES PAYS.

" Les Persans disent que s'ils n'avaient
pas DE TABAC, ils n'auraient pas LE
DAMAQUÉ, c'est-à-dire l'*allégresse* au cœur.
J.B-. TAVERNIER.
(*Voyage en Perse et aux Indes.*)

PRIX : 1 f. 30.

SE VEND

CHEZ LES DÉBITANTS DE TABACS
A PARIS ET DANS TOUT L'EMPIRE FRANÇAIS.

1856.

AVANT-PROPOS.

Petite-fille, fille et sœur de militaires, femme d'un militaire, je n'avais pour vivre et élever mes deux filles, que la pension fixée par la loi pour la veuve d'un capitaine. Un de mes frères a bien voulu solliciter en ma faveur un bureau de Tabac, et dans sa bonté, S. M. l'Empereur a daigné me l'accorder.

Mais une fois pourvue d'une gérance, j'ai désiré connaître les particularités diverses qui concernent cette plante, dont l'usage est maintenant devenu pour presque tous les peuples, une superfluité nécessaire.

M. M..., à qui dans la conversation je racontai les souvenirs de mes lectures, a trouvé qu'ils offraient assez d'intérêt pour être livrés au public, et, à ses risques et périls, il a voulu se charger de cette publication. Je lui en ai laissé bien volontiers courir toutes les chances. Puissent les nombreux amateurs du Tabac accorder à ces souvenirs un peu de l'intérêt que j'ai éprouvé à les recueillir.

Paris, le 1er Janvier 1850.

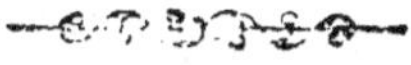

CHAPITRE Ier.

ORIGINE DU TABAC, SA CULTURE, SA RÉCOLTE.

SOMMAIRE.

But de l'ouvrage. — Le tabac est originaire d'Amérique ; son introduction en Europe par les Portugais ; son introduction en France et en Angleterre. — L'ambassadeur Jean Nicot. — Noms divers donnés au tabac. — L'amiral Drake. — Le cordelier Thevet. — Description botanique du tabac. — Tabac mâle, tabac femelle. — Les différentes variétés du tabac sont cultivées à Chelsea dès l'année 1675 par

De quel pays le Tabac est-il originaire, à quelle époque et comment nous est-il parvenu, comment est-il cultivé et récolté, en quoi consistent sa fabrication, sa consommation, son usage et ses effets, enfin quelles sont les règles principales régissant ce produit qui enrichit la France d'un revenu annuel s'accroissant sans cesse et qui aujourd'hui s'élève à plus de 125 millions de francs ?

Voilà, nous a-t-il semblé, des questions qui peuvent présenter quelqu'attrait ; je vais donc essayer de raconter ce que notre débitante a lu à ce sujet.

Dans la relation de ses voyages en Perse et autres lieux de l'Orient, entrepris il y a environ deux cents ans, Chardin raconte qu'il s'est informé inutilement si le tabac était originaire de ce pays, ou s'il y avait été apporté des pays étrangers ; que cependant un des plus curieux hommes d'Ispahan lui a dit qu'on avait trouvé, en relevant les masures de la ville de Sultanie, une grande urne de terre, où il y avait des pipes de bois avec des godets et du tabac coupé fort menu, comme les Turcs le coupent à Alep ; ce qui lui faisait croire que la plante avait été apportée d'Égypte en Perse et qu'elle n'y devait être

naturelle que depuis quatre cents ans.
Chardin ajoute : « J'ai vu des gens qui
» croyaient que les Portugais avaient
» apporté le tabac des Indes (a) les
» premiers, il n'y a pas deux cents
» ans ; mais cela n'est pas croyable. »

Quoiqu'il en soit du récit et de l'in-
crédulité de Chardin, il reste acquis
que le tabac est originaire du nouveau
monde, et que c'est vers l'an 1560 que
le tabac a été introduit en France,
voici comment :

Jean Nicot, né à Nîmes, fils d'un no-
taire et devenu secrétaire du roi de
France, fut envoyé par le roi François II, en ambassade à Lisbonne.
Nous ne savons quel était le but de
cette ambassade, mais ce qui est cer-

(a) Les Indes occidentales ; l'Amérique.

tain, c'est que ce fut durant le cours de cette mission qu'un marchand flamand qui, probablement en avait eu connaissance par les Espagnols, donna à Nicot de la graine de *pétun*, plante de l'Amérique, alors inconnue en Europe; que Nicot envoya cette semence à la reine Catherine de Médicis, et qu'il lui présenta la plante même, d'autres disent le tabac en poudre, à son retour de Portugal. La plante nouvelle prit donc d'abord le nom d'herbe à la reine et de *nicotiane*. On l'appela ensuite l'herbe du grand-prieur, parce que le Grand-Prieur de France, prince de la maison de Lorraine, en faisait un grand usage. Le cardinal de Sainte-Croix Nonce en Portugal, et Nicolas Ternabou Légat en France, qui furent les premiers à introduire en Italie l'usage du tabac, lui donnèrent aussi leurs noms. Dans les Indes occidentales, au Brésil et dans la Floride, cette plante avait le nom de *pétun* qu'elle y conserve encore et qu'on peut regarder comme son nom primitif. Quelques-uns l'ont appelé la buglose ou la panacée antarctique ; d'autres l'herbe sainte ou sacrée et propre à tous maux, apparemment à cause de ses vertus ; quelques botanistes, en raison de sa seule vertu narcotique semblable à celle de la jusquiame, l'ont nommé jusquiame du Pérou (*b*).

Disons enfin qu'en Europe on finit par adopter généralement le nom de tabac que les Espagnols avaient donné à cette plante, parce qu'ils la trouvèrent

(*b*) Valmont de Bomare.

d'abord à Tabago, l'une des petites Antilles, ou, selon d'autres, à Tabasco au Mexique.

Mais toute gloire à ses prétendants; ainsi on dit que François Drake, fameux navigateur anglais qui fit un voyage autour du monde, et qui, en 1588, fut grand amiral d'Angleterre, en enrichit son pays. Le cordelier Thevet, célèbre par ses voyages, et qui fut aumônier de la reine Catherine de Médicis en 1558, a disputé à Nicot la gloire d'avoir donné le tabac à la France (*c*); cependant ces prétentions n'ont pas été accueillies, et le nom de *nicotiane* imposé d'abord au tabac et qui lui est resté, du moins dans la langue scienti-

(*c*) Biographie universelle ancienne et moderne, par une société de gens de lettres et de savants.

lique, peut servir à constater les droits de Nicot à la reconnaissance du trésor public pour qui cette plante a été et sera, très-probablement, longtemps encore une si précieuse ressource. Toutefois, il n'est guère présumable que Nicot ait prévu l'importance du présent qu'il of-frit à la reine mère, et que ce présent vaudrait un jour plus de cent millions de revenu à l'État.

La tâche que nous avons entreprise, nous impose en quelque sorte l'obliga-tion de donner le signalement botani-que du tabac, et d'entrer dans quelques explications relatives à la culture de cette plante.

Le TABAC est nommé par Linné NICOTIANA TABACUM, *nicotiane tabac,* et rangé par ce naturaliste à la classe Vᵉ, PENTANDRIE - MONOGYNIE, ou

fleurs à cinq étamines et à un seul pis-
til.

Le tabac appartient à la famille des
SOLANÉES, si féconde en redoutables
poisons, et dont cependant la tomate,
l'aubergine et la pomme de terre font
partie.

Cette belle plante, dit J. Roques (d),
se distingue à sa tige très-élevée, ronde,
velue, rameuse; à ses grandes feuilles
ovales, lancéolées, sessilles, décur-
rentes, un peu visqueuses, d'un vert
jaunâtre; à ses fleurs roses, rassem-
blées en corymbe à l'extrémité des rameaux. Le calice est pubescent, à cinq
découpures aigües; le tube de sa corolle est très-allongé, les divisions du
limbe sont courtes et pointues.

(d) Phytographie médicale, tome 2.

Cette description se rapporte évidemment et d'une manière spéciale 1° à la nicotiane en arbre à grandes feuilles, ou *grand tabac mâle*, dont la tige grosse comme le pouce, ligneuse et remplie de moëlle blanche s'élève à la hauteur d'un mètre, à un mètre cinquante centimètres et même jusqu'à près de deux mètres; plante qui peut endurer quelquefois un hiver modéré dans nos jardins, y fleurit en juillet et août, et est ordinairement annuelle dans notre pays; au lieu qu'au Brésil où la terre est bonne et l'air toujours tempéré, elle fleurit continuellement et vit dix ou douze ans. Sa graine se peut conserver dix années en sa fécondité, et ses feuilles pendant près de cinq ans avec toute leur force.

Il y a encore : 2° la *nicotiane à feuilles*

étroites, tabac de Virginie, ou pétun des amazones. Cette espèce ne diffère de la précédente, que par ses feuilles qui sont plus étroites, plus pointues, et attachées à leur tige par des queues assez longues.

3° La *nicotiane sauvage*; *nicotiana rustica*, petite nicotiane ou TABAC FE-MELLE, ou tabac du Mexique. Sa racine est quelquefois simple et grosse comme le petit doigt, d'autres fois elle est divisée en plusieurs fibres tendres, blanchâtres et rampantes. Elle pousse une tige à la hauteur de trente-cinq à soixante-dix centimètres, droite, ronde, dure, ve-lue, grosse comme le doigt, rameuse, glutineuse au toucher. Ses feuilles sont espacées et alternes, ovales, obtuses; de couleur verte-brunâtre:

grasses, couvertes d'un duvet très-fin et portées par de courts pétioles. Les fleurs d'une couleur verdâtre ou d'un jaune pâle, naissent en forme de petits bouquets, un peu serrés et réunis à l'extrémité de la tige. Il leur succède des capsules arrondies qui dans la maturité s'ouvrent en deux parties remplies d'un nombre infini de menues semences d'un jaune tanné et d'un goût acre. Cette plante ainsi que les précédentes espèces, vient originairement d'Amérique ; elle est annuelle, elle se reproduit si facilement, qu'elle est devenue pour ainsi dire indigène dans nos climats ; on la cultive dans quelques provinces méridionales ; on croit que c'est la première espèce qu'on a cultivée en Europe.

4° Le tabac paniculé ; *nicotiana pa-*

niculata; tabac de Verine, ou tabac d'Asie. Sa tige qui est annuelle, grêle et haute de deux pieds, se termine par une panicule ou assemblage de fleurs éparses sur des pédoncules, chargée de beaucoup de fleurs, dont la corolle a un long tube avec un limbe rougeâtre à divisions courtes et obtuses; les feuilles couvertes d'un duvet très-fin, sont pétiolées, en cœur et très-entières.

5° Enfin, on distingue encore la nicotiane glutineuse, *nicotiana glutinosa*, à feuilles semblables à celles de la nicotiane paniculée, mais dont les fleurs sont en grappe, unilatérales, presque labiées.

Cette espèce et la précédente sont originaires du Pérou.

Dans le langage des fleurs, nicotiane

signifie *obstacle vaincu* ; nous ne savons pourquoi...

Il est à présumer que ces variétés du tabac ont été promptement connues en Europe, puisque nous les voyons figurer au catalogue des 2550 espèces de plantes cultivées par la compagnie des apothicaires de Londres, au jardin médicinal établi à Chelsea par cette compagnie, en 1673, pour faciliter à ses membres l'étude de la botanique (e).

Les Espagnols et les autres Européens ne firent d'abord usage du tabac qu'à l'imitation des Indiens en l'aspirant en fumée ; mais bientôt ils imaginèrent de l'introduire en poudre dans les narines et en masticatoire dans la

(e) Transactions philosophiques de la société royale de Londres.

bouche ; et grâce à ces emplois mul-
tipliés, la culture de cette plante se
trouva bientôt répandue dans les deux
hémisphères, mais principalement dans
les régions chaudes et tempérées : le
tabac est donc maintenant naturalisé
dans toutes les parties du monde, et on
le cultive en grand dans plusieurs pays.
Les lieux les plus renommés sont,
le Brésil, Bornéo, la Virginie, la Havane, le Mexique, l'Ile de Ceylan ; « de-
» puis très-peu de temps (disent les
» annales du commerce extérieur, an-
» née 1855), le tabac de Varinas perd
» chaque année de sa valeur sur les
» marchés d'Allemagne, tandis que
» celui d'Ambaléma, exporté depuis
» peu de la Nouvelle-Grenade, et qui
» ressemble beaucoup au Varinas est
» de plus en plus estimé ; ce tabac se

» paye jusqu'à 332 francs le quintal.
» (*Moniteur* du 22 septembre 1855.) »
Autrefois on cultivait aussi beaucoup
de tabac dans les campagnes en
Italie, en Espagne, en Hollande, en
Angleterre; le grand duché de Bade est
aujourd'hui, après la Prusse et la Ba-
vière, le pays de l'Allemagne qui produit le plus de tabac. La récolte de
1853 a été évaluée à 156,000 quintaux,
d'une valeur de près de deux millions
de francs. C'est plus du cinquième de
la récolte de tabac que font les États
du Zollverein (*Courrier du Bas-Rhin,
novembre 1855*). On en cultive à présent
dans le nord de la France et dans
quelques parties du midi. « *Car*, dit
Valmont de Bomare, *le tabac vient
partout, et se vend très-cher quoi qu'il
coûte fort peu.* » Le tabac est aussi

cultivé avec succès en Corse et surtout dans nos possessions d'Afrique.

« De toutes les cultures de l'Algérie,
» celle qui occupe, après les céréales,
» la plus large place dans les travaux
» des colons, c'est toujours la culture
» du tabac, dont le développement
» acquiert chaque année des propor-
» tions plus considérables et se répand
» de tous côtés avec une remarquable
» rapidité. Cette expansion est telle que
» non-seulement la production suffit
» désormais à la consommation locale,
» mais qu'encore le contingent qu'elle
» est appelée à verser dans les manu-
» factures de la France, est sur le
» point d'être atteint, et que bientôt le
» commerce étranger, dont les opéra-
» tions ont commencé à se porter sur
» la colonie, trouvera amplement à

» s'y pourvoir d'une denrée aujour-
» d'hui très-recherchée, et dont la ra-
» reté menace de se faire prochaine-
» ment sentir sur les autres marchés
» du monde. » (*Moniteur Universel*,
journal officiel de l'Empire français, du
28 juillet 1855 ; préliminaires du rapport adressé d'Alger, le 29 juillet 1855,
à M. le maréchal, ministre de la guerre,
par M. DURANTON, inspecteur spécial
du service du tabac en Algérie).

D'après ce rapport, le chiffre de la
production du tabac, qu'il nous est possible de constater dans notre Algérie,
s'élèverait à 4,594,000 kilogrammes,
les achats seuls de la régie s'élèveront
pour la campagne de 1855 à 4,130,000
kilogrammes, et la dépense calculée
à raison de 95 francs par 0/0 kilogrammes en moyenne, doit être évaluée à

4,923,500 francs. Il ne restera par conséquent pour le commerce, « dit M. Duranton, » que 464,000 kilogrammes. Ce n'est pas assez pour notre culture qui semble n'avoir compté jusqu'à ce jour que sur le marché de France ; elle peut et doit atteindre en Algérie un si grand développement, qu'il est indispensable qu'elle procure à ses produits un autre débouché, et jamais les circonstances ne furent plus favorables au succès d'une pareille entreprise, qu'elles ne le sont aujourd'hui.

« Ainsi que j'ai déjà eu l'honneur de » le signaler, continue M. Duranton, » les tabacs deviennent de jour en jour » plus rares sur tous les points du globe, » et les progrès de sa production ne » suivent que de loin ceux de la consom-

» mation qui vont toujours grandissant;
» l'Amérique absorbe maintenant elle-
» même une grande partie de ses pro-
» duits ; l'Autriche a prohibé l'exporta-
» tion des siens ; l'Argolide, la Macé-
» doine, l'Egypte, ne peuvent presque
» plus rien envoyer à l'Europe, et la
» France elle-même pour assurer ses
» approvisionnements en tabac, s'est
» vue dans la nécessité d'en autoriser la
» culture dans plusieurs départements
» qui y étaient restés jusqu'à ce jour
» étrangers. Nos cultivateurs algériens
» seraient donc bien coupables s'ils ne
» profitaient pas d'une si belle occasion
» de s'emparer, dans le commerce de
» cette denrée, de la place que la fécon-
» dité de leur sol, et les avantages de
» leur position géographique leur assu-
» rent. »

« Lorsqu'on veut cultiver le tabac,
» dit Valmont de Bomare, ce doit être
» dans une terre grasse et humide,
» exposée au midi ; labourée et en-
» graissée avec du fumier consom-
» mé. » Ces conditions générales qu'on
trouve prescrites partout pour la culture du tabac, et qui s'obtiennent d'ailleurs par divers moyens selon les pays,
font bien comprendre que cette plante
pour prospérer , doit recevoir de la
terre les sucs les plus riches.

Ainsi dans le département du Nord,
le cultivateur flamand , qui par le de-
gré de perfection apporté dans les
travaux agricoles, mérite de servir
de modèle aux cultivateurs de toute la France (*f*); après avoir nettoyé,

(*f*) Dubrunfaut, encyclopédie moderne, culture
du tabac.

tumé et préparé [avec tous les soins que l'on donne aux couches, la portion de son jardin qu'il destine à recevoir le semis de tabac, y répand la graine dès la fin de février ou au commencement de mars. Vers le mois de juin, lorsque les plantes montrent déjà leurs premières feuilles, on s'occupe de les repiquer. On choisit à cet effet les terres les plus fertiles, situées dans le voisinage de l'habitation et à l'abri des vents du nord. Le terrain auquel on confie les jeunes plantes de tabac, doit avoir été préparé pendant l'hiver par deux labours successifs, et au printemps par un troisième labour plus profond; il demande à être soigneusement nettoyé et fécondé par des engrais riches et abondants. Le fréquent emploi de la herse doit maintenir le sol meuble et léger ; et pour dernière préparation, le jour même où on va commencer le repiquage, on arrose toute la surface du champ avec l'engrais flamand.

Tous ces travaux préliminaires achevés, on trace au cordeau sur le terrain des lignes droites, séparées par un intervalle d'environ quarante centimètres, puis d'autres lignes également distantes entr'elles, et qui croisent les premières, de manière à former des quinconces réguliers. A chaque point d'intersection on pique une jeune tige à l'aide du plantoir ; par cette disposition chaque hectare peut contenir environ soixante mille tiges.

Les plantes ne reprennent qu'au bout de trois ou quatre jours, et alors on forme à côté de chacune d'elles une petite ouverture que l'on remplit du même engrais. Sous cette puissante influence, la tige et les côtes des feuilles se développent avec une rapidité surprenante, à tel point que bientôt l'espace qui séparait ces jeunes plantes, se trouve couvert de verdure. Quelques feuilles qui sont le plus près du sol, tombent vers le milieu du mois de juillet, lorsque la tige atteint environ le quart de sa hauteur naturelle (c'est-à-dire à peu près trente-trois centimètres); on les recueille pour servir aux besoins particuliers du cultivateur; et en faisant cette opération, on a soin d'ébourgeonnner la plante et de sarcler le terrain. Outre ces précautions qui préviennent l'épuisement des plantes, on en prend une plus décisive; celle-ci consiste à pincer et à enlever la tête de la tige afin qu'elle ne monte point en graines; puis à continuer soigneusement l'ébourgeonnement pour forcer la sève à se porter de plus en plus dans les côtes et les nervures des feuilles que l'on a conservées.

C'est en août et en septembre qu'on récolte les feuilles des plantes dont on a coupé les sommités des tiges pour les empêcher de fleurir.

Dans l'île de Ceylan (*g*), où le tabac sous le nom générique de *Junkol*, qui signifie *feuille fumante*, est cultivé avec beaucoup de soin, on prépare un petit coin de terre, dans lequel on sème les graines de tabac : « comme nos jar-

(*g*) De la culture du tabac dans l'île de Ceylan, par Strachan, année 1702.

diniers sèment le persil et les choux. » Avant qu'il soit prêt à être transplanté, on choisit une pièce de terre qu'on entoure d'une haie ; lorsque les buffles commencent à ruminer, on les met dans cet enclos, et on les y laisse jusqu'à ce qu'ils aient fini. On continue de même jour et nuit, jusqu'à ce que le terrain soit suffisamment fumé. On remue ensuite la terre avec une pioche, et on la retourne afin d'y bien mêler le fumier. Après avoir aplani le terrain, on y transplante les jeunes plans de tabac, à environ un pied de distance les uns des autres, ils y prennent bientôt un grand accroissement. Dès que la tige a poussé quinze feuilles, on retranche tous les sommets des plantes. Si l'on veut avoir du tabac un peu moins fort, on le laisse croître jusqu'à ce qu'il ait dix-huit ou vingt feuilles; et quand on le veut plus fort, on le mutile lorsqu'il en a poussé dix ou douze. Par ce moyen, le suc de la terre se concentre dans les feuilles qui restent, de telle sorte qu'elles deviennent quatre à cinq fois plus grandes, et qu'elles acquièrent beaucoup plus d'embonpoint, de force et de vertu que celles du tabac qui n'a pas été traité de même. Cette sève ainsi arrêtée dans les feuilles, pousse sans cesse dans leurs aisselles de nouveaux bourgeons, qui deviendraient autant de rameaux si on n'avait soin de les supprimer, ce qui doit se faire tous les trois ou quatre jours. On continue de même jusqu'à la maturité des feuilles, qui s'annonce par leur consistance et leur fermeté; elle exige autant de temps qu'il en faut au tabac qui n'a pas été mutilé pour porter ses feuilles, donner ses fleurs et mûrir ses semences. En conséquence, avant que la feuille commence à se flétrir, et tandis qu'elle est encore verte, on coupe les tiges avec toutes leurs feuilles, on les porte dans la maison, et on les met en tas.

Il n'est pas besoin de faire ressortir la similitude complète qui existe entre les procédés agricoles suivis par les cultivateurs flamands, et ceux pratiqués par les cultivateurs cingualais pour la culture du tabac.

Le tabac se recueille sur le Rhin, vers le 20 août; en Flandre un mois plus tard. Les feuilles les plus grandes et les plus lourdes sont choisies les premières; on les attache une à une par la queue à une ficelle qui en réunit ainsi tantôt cinquante, tantôt cent, pour en former ce qu'on appelle *des manoques*. On les expose alors au grand air sous des hangards ou sous les avant-toits des habitations ; et bientôt entassées dans des tonneaux qu'on nomme *boucauts*, elles sortent des mains du cultivateur pour être livrées à la fabrication.

CHAPITRE DEUXIÈME.

FABRICATION DU TABAC.

SOMMAIRE

Objet de la fabrication du tabac. — Opérations générales : *Boucardage, Époulardage, Mouillade
et Écotage.* — Fabrication du tabac à fumer ou
Scaferlati, des cigares, des rôles et § des carottes. — Fabrication du tabac à priser. — *Des
sauces.* — Tabac *d'étrennes.* — Tabac de macouba — Fève de Tongo ou Congo. — Des falsifications et des mélanges ; leurs dangers. —
Terre de Cologne. — Le monopole est la meil-

leure sauve-garde des dangers qui peuvent résulter des falsifications du tabac. — Localités où la fabrication s'exécute en France. — Provenances des feuilles de tabac employées dans les manufactures françaises et produits de ces manufactures. — Analyse chimique du tabac. — *Nicotine* ou *nicotianine*. — Affaire Bocarmé. — L'emploi des préparations pharmaceutiques de la *nicotiane* doit être laissé exclusivement aux médecins.

La fabrication du tabac a pour but de transformer les feuilles séchées de la nicotiane ;

I. EN TABAC A FUMER ou *scaferlati* ; en cigares ;

II. EN ROLES et en carottes ;

III. EN POUDRE DE TABAC A PRISER.

Chacune de ses transformations est obtenue par une fabrication spéciale ; toutefois, il y a plusieurs opérations communes à ces divers apprêts et qui les précèdent ; ces opérations sont désignées par les noms 1° *de Boucardage;* 2° *d'Époulardage ;* 3° *de Mouillade ;* 4° *d'Écotage* (*h*);

1° le *Boucardage* : Les feuilles arrivent dans les manufactures en paquets assez volumineux enveloppés de toiles ou de nattes, ou enfermés dans des tonneaux qu'on appelle *boucauds,* d'où vient le nom de *Boucardage,* qui sert à désigner les opérations du déballage et d'un premier triage du tabac, qui a pour objet de diviser d'abord le tabac en deux classes qu'on forme en mettant à part le plus beau réservé au tabac à fumer, et celui qui,

(*h*) Une visite à la manufacture impériale des Tabacs de Paris , quai d'Orsay, n° 65.

moins beau, est destiné pour le tabac
à priser.

2° *L'Époulardage* consiste à délier
les rouleaux de feuilles appelés *mano-*
ques, dont se composent les paquets,
à secouer les feuilles pour faire tomber
le sable et la poussière qui les souil-
lent, et à les détacher les unes des autres pour en faire un deuxième triage,
en disposant séparément dans des
mannes placées à cet effet, autour de
l'ouvrier, celles qui peuvent servir de
robes pour les cigares, celles qui conviennent à la confection des rôles et
du tabac à fumer; et enfin, celles qui, à
cause de leur état avancé de fermentation, ne peuvent servir qu'à faire du
tabac en poudre.

3° *La Mouillade* a pour objet de
rendre aux feuilles séchées, en les ar-

rosant, la souplesse qu'elles ont perdue par la dessication, et cela afin de les disposer aux opérations subséquentes. Elle se fait avec une dissolution de sel ordinaire, dit *de cuisine*, au titre de dix kilogrammes de sel pour cent litres d'eau. On superpose plusieurs lits de feuilles que l'on arrose successivement, on y emploie une dissolution de sel pour empêcher la fermentation de devenir putride et éloigner les insectes qui s'introduisent toujours dans toute matière en fermentation.

4° *L'Ecôtage* consiste à arracher la côte des feuilles dans toute leur longueur, ainsi que les nervures adjacentes, et à faire tomber, des mêmes feuilles, toute matière étrangère ; comme cette opération, qui se fait après la fermentation, résultant de la *mouillade*, n'exige jamais que de faibles efforts, elle est toujours faite par des femmes, les déchets résultant de cette opération s'élèvent jusqu'à huit et dix pour cent de celui des matières premières, et étant mis au rebut, sont encore employées en tabac de dernière qualité.

Enfin, après cette dernière opération, les feuilles passent dans les ateliers spéciaux où s'exécutent les différentes fabrications que nous allons successivement décrire.

I. FABRICATION DU TABAC A FUMER, ou *scaferlati*. Cette fabrication se compose des quatre opérations ci-après : 1° *le hachage*, 2° *la torréfaction*, 3° *le séchage*, 4° *la mise en paquets*.

1° *Le hachage* : Les feuilles de tabac sont entassées dans une coulisse en traînée dans le même sens par une toile sans fin, et amenées sous un couteau se mouvant d'un mouvement alternatif; le mouvement de la toile sans fin et celui du couteau sont calculés de manière à donner au tabac la grosseur convenable. Ce mouvement donné autrefois à bras d'hommes, est donné aujourd'hui par la vapeur ou par des roues hydrauliques.

2o *La torréfaction* consiste soit à laisser quelques instants le tabac haché sur des plaques en fer chauffées presque jusqu'au rouge, soit à le laisser pendant quelques minutes sur des espèces de tables formées de tuyaux juxta-posés et pleins de vapeur d'eau, à quatre ou cinq atmosphères. Cette opération a pour objet de rendre impossible la fermentation qui ne peut plus se déclarer ensuite, à moins que le tabac ne séjourne longtemps en tas considérables.

3° *Le séchage* : Cette opération a pour objet d'enlever l'humidité qui reste encore dans le tabac après la torréfaction. A cet effet, en sortant de la torréfaction, le tabac est étendu sur des claies serrées, disposées dans des séchoirs où on introduit au besoin des courants d'air chaud à seize ou vingt degrés ; on a soin de retourner le tabac pour hâter le plus possible la dessication, et on profite de cette manipulation pour le purger en même temps des morceaux de côtes trop gros, et des filaments réduits en poussière par une torréfaction trop vive.

4° Le tabac est ensuite *mis en paquets* de même poids selon la qualité ;

ainsi, dans les manufactures impériales, les paquets sont de mille à cinq cents grammes pour le scaferlati ordinaire, et de cinq cents, deux cent cinquante, ou cent vingt-cinq grammes pour le scaferlati étranger, avec une tolérance de cinq grammes en plus ou en moins des poids qu'indique la vignette mise sur l'enveloppe de chaque paquet.

I. Fabrication des cigares. Des femmes roulent entre leurs doigts les plus petites feuilles du tabac, et lorsqu'elles en ont fait un rouleau de la forme voulue, elles le revêtent d'une *robe*, c'est-à-dire d'une partie de feuille prise parmi les plus grandes, convenablement taillée et ne présentant aucune déchirure, elles la fixent avec un peu de colle de pâte, et le cigare est terminé. On le fait ensuite séjourner pendant un certain temps au séchoir, où la température ne doit pas dépasser trente degrés centigrades. Cette fabrication est évidemment celle qui altère le moins la nature de la plante.

11. La fabrication des roles donne deux sortes de produits : 1° les rôles pour les fumeurs, dont l'usage devient de plus en plus rare ; 2° les rôles de tabac à mâcher. Ces derniers se distinguent eux-mêmes en deux espèces, savoir : les rôles menus filés, de première qualité, dans lesquelles il n'entre que des feuilles de tabac de Virginie ; et les gros rôles qui sont faits avec du tabac commun.

La fabrication des rôles, soit menus filés, soit gros rôles, comprend cinq opérations successives : 1° *le filage,*

2º *le rôlage*, 3º *le passage à la presse,* 4º *le ficelage,* 5º *la mise à l'étuve.*

1º *Le filage* s'exécute au moyen d'un rouet, qui se compose d'un simple cylindre de bois mobile suivant deux axes perpendiculaires l'un à l'autre, afin qu'il puisse servir tout à la fois à filer et à renvider les rôles (i). Les feuilles écotées du tabac sont apprêtées en échevaux plus ou moins volumineux, selon la grosseur que le rôle doit avoir, ces échevaux sont placés les uns au bout des autres, comme s'il s'agissait de faire un cigare sans fin, puis roulés sur une grande table, en les couvrant d'une

(i) Cette sorte de filage n'est mise en pratique que pour les gros rôles ; les rôles menus filés sont filés d'abord au moyen d'un rouet par des ouvrières, puis ils sont envidés ensuite en rôles par des ouvriers spéciaux.

feuille plus large ou *robe*, pour les contenir et en former des cordes ou boudins qu'on file en tournant la manivelle du rouet, suivant l'axe qui convient pour filer. Lorsqu'il y a une certaine longueur de boudin de filé, l'ouvrier fait tourner le rouet suivant l'axe qui convient pour envider; après quoi on recommence une autre longueur et ainsi de suite, jusqu'à ce que le rouet soit rempli.

2° *Le rôlage* : les cordes de tabac filées et envidées, sont dévidées du rouet sur des chevilles en bois, de manière à en faire des rôles ou rouleaux (*j*) d'un kilogramme, d'un demi, d'un quart de kilogramme et d'un huitième de kilogramme, dont on attache les bouts

(*j*) Du temps de la ferme générale, on appelait *Tabac andouille* ces rouleaux ou rôles.

avec de la ficelle ; c'est l'opération du rôlage.

3° *Le passage à la presse :* les rôles sont introduits dans des moules cylindriques, de dimensions convenables et rangés sur une table, de manière à ce que des rondelles de bois, percées suivant leur axe pour laisser passer les chevilles autour desquelles le tabac est enroulé, pénétrent dans ces moules et puissent y peser sur les rôles. La table ainsi couverte est glissée sous le plateau mobile d'une presse hydraulique, qu'on fait mouvoir jusqu'à ce qu'il soit sorti des moules une certaine quantité de jus de tabac.

4° *Ficelage :* les rôles ayant été retirés des moules, on les porte à l'atelier de ficelage, où on enlève les chevilles qui sont remplacées par une ficelle plombée, laquelle sert à prouver leur intégrité, lorsqu'ils sont passés entre les mains des débitants.

5° *Mise à l'étuve* : Enfin, il ne reste plus qu'à mettre les rôles dans une étuve pour les sécher comme on le fait pour le tabac à fumer et pour les cigares.

§. *Fabrication des carottes* : Cette fabrication est la même que celle des rôles, si ce n'est qu'au lieu de mettre le tabac filé en rôles ou rouleaux, on le met en longueur ou en carottes, ce qui se fait en coupant en parties égales les bouts qu'on déroule de dessus le cylindre, et qu'on rassemble au nombre de huit pour les presser dans un moule et les ficeler, lorsque la pression leur a donné une certaine consistance. Les carottes sont destinées à tenir lieu tout à la fois, soit de tabac à fumer en les coupant, soit de tabac à priser en les râpant.

III. Fabrication du tabac en poudre ou tabac a priser: Cette fabrication est celle qui présente le plus de complication. Elle se distingue de celle du tabac à fumer surtout en ce qu'elle a recours à la fermentation qui y est indispensable. C'est même à cette particularité que le tabac en poudre français doit sa supériorité sur ceux qui nous viennent tout préparés de l'étran-tranger (*k*).

(*k*) Il n'y a en France que dix manufactures pour fabriquer l'énorme quantité de tabac qui s'y consomme annuellement (plus de **17** millions de kilogrammes). La manutention porte donc sur de grandes quantités; en sorte qu'on s'y trouve dans les meilleures conditions pour obtenir une pleine fermentation.

On fabrique dans nos manufactures un assez grand nombre de qualités de tabac à priser, cependant il n'y en a qu'une dont la fabrication soit très-importante; c'est celle de la poudre ordinaire. Ce tabac se compose essentiellement d'environ soixante-cinq pour cent de tabac indigène, et vingt-cinq pour cent de tabacs étrangers. On y mêle de plus toutes les feuilles qui ayant déjà subi un commencement de fermentation, ont été rebutées de la fabrication du tabac à fumer, des cigares et des rôles, et de plus, tous les tabacs qui proviennent des saisies faites sur la contrebande.

Après la *mouillade*, les feuilles du tabac destinées à la fabrication du tabac en poudre sont soumises aux opérations successives désignées par les noms de : 1° *hachage*; 2° *fermentation en masses* ; 3° *moulinade*; 4° *tamisage;* 5° *fermentation en cases*; 6° *mises en tonneaux ou en paquets.*

1° *Le hachage*: il n'est pas besoin que les feuilles destinées à faire du tabac en poudre soient hachées en filaments aussi ténus que pour le tabac à fumer; aussi ce hachage s'exécute-t-il plus promptement avec une machine particulière, qui se compose d'une roue rapidement mobile autour de son axe, à la circonférence de laquelle sont rangés plusieurs couteaux, et d'une toile sans fin destinée à amener les feuilles à ces couteaux.

2° *Fermentation en masses*: cette opération commence par le mélange des feuilles hachées des diverses qualités de tabac dont la poudre doit se

4

composer, et se termine par l'exposi-
tion, pendant un temps assez long, de
toute la matière disposée en tas de
20 à 40,000 kilogrammes, dans de
grandes salles construites pour cet
usage. Cette mise en tas a pour
objet d'amener une fermentation (*l*)
qu'on accélère en plaçant au milieu, comme un levain, une certaine
quantité de feuilles déjà fermentées;
on abrége ainsi un peu le temps de la
fabrication de la poudre qui demande
quelquefois jusqu'à quinze ou seize
mois pour être achevée en totalité. Au
centre de chaque tas on place un
tube en bois qui permet d'en vérifier la
température par l'introduction d'un

(*l*) Le temps ordinaire pour cette fermentation
en masses est d'environ six mois.

thermomètre. Au bout de six à quinze semaines, la température a atteint soixante-dix à quatre-vingts degrés, et elle pourrait devenir assez forte pour carboniser le tabac et l'amener à l'état d'*humus*, ce que l'on empêche en pratiquant des tranchées dans ces tas pour les refroidir. Ces tas sont disposés de manière à remplir presqu'entièrement les salles où ils se trouvent, et qui restent constamment fermées. Les phénomènes qui se produisent pendant cette première fermentation sont la disparition de tout l'acide du tabac et le dégagement du carbonate d'ammoniaque qui en constitue le *montant*. On empêche l'arrivée de l'air sur les masses, parce qu'il pourrait contrarier ces phénomènes, et même donner lieu à *une fermentation acide*.

3° Moulinade : après la fermentation en masses, le tabac est porté dans des moulins pour être réduit en poudre. Ces moulins se composent de deux cônes dont un fixe et l'autre mobile qui sont emboîtés l'un dans l'autre. Ces deux cônes portent tous les deux, le premier à sa surface intérieure, et le second sur sa surface extérieure, des lames en forme d'hélices aboutissant à leur sommet. Le second cône est animé autour de son axe d'un mouvement de rotation alternatif afin d'appuyer ses lames contre celles du premier, tantôt dans un sens et tantôt dans l'autre; le tabac devenu plus friable par la fermentation, et se trouvant alternativement serré et desséré entre les deux systèmes de lames, se réduit en poudre et tombe en cet état par la partie inférieure du cône fixe, percée d'une ouverture convenable.

4° *Tamisage*: à la sortie du moulin, la poudre passe au tamisage qui se fait au moyen de tamis animés d'un double mouvement de *va-et-vient*; cette opération a pour objet d'obtenir des grains de grosseur convenable et égale; et à cet effet ceux qui restent sur les tamis sont repris par un cylindre à vis sans fin qui les reconduit au moulinage.

5° *Fermentation en cases*. Le tabac qui se trouve en poudre assez fine est livré à la fermentation en cases qui sert à développer l'*arôme*; c'est l'opération la plus longue, puisqu'elle demande sept à huit mois pour être complète. Ces cases sont des cellules de vingt à trente mètres cubes, fermées de tous côtés par des planches et des

madriers de chêne, où on case la poudre qui s'y entasse en masse de vingt à
trente-cinq mille kilogrammes et même
cinquante-cinq mille kilogrammes. La
température s'y élève comme pendant la
première fermentation successivement
mais avec lenteur, jusqu'à la limite de
quarante degrés, où le but de l'opération est atteint.

6° *Mise en tonneaux ou en paquets :*
Lorsque la fermentation en cases est
terminée, il n'y a plus alors qu'à dé-
faire la case et à enlever le tabac pour
le mettre en tonneaux ou en paquets
suivant qu'il doit être gardé en magasins ou livré aux entreposeurs. Cette
opération n'offrant rien de spécial, nous
dirons seulement qu'en l'exécutant, on
fait quelquefois des mélanges de différentes sortes de tabacs pour satis-

faire le goût de certains consommateurs.

Les procédés de fabrication que nous venons d'exposer sont ceux maintenant exclusivement en usage dans les manufactures impériales de France. Autrefois on employait sous le nom de *sauces*, diverses préparations dont on humectait les feuilles de la nicotiane pour leur donner du parfum. Ces préparations variaient elles-mêmes dans les différentes fabriques (*m*). Ainsi en mêlant à l'eau dont on se servait soit de la mélasse, ou de l'eau de pruneaux, ou de l'eau de violettes, ou de bois de rose, on parvenait à produire de

(*m*) Dictionnaire universel de commerce, d'histoire naturelle etc. etc. par Savary des Bruslons, inspecteur général des manufactures pour le Roi, à la Douane de Paris.

la différence dans les sortes de tabacs connus alors sous ces noms de *Scaferlati du levant*, de *Canasse* ou *Canaster*, d'*Andouille de Saint-Vincent*, ou *cigale d'Amérique*, de *rolle de Montauban*, de *briquet du Brésil*, etc. On procurait encore au tabac la sève *du macouba* en le parfumant avec du bois de Rhodes(*n*). Quelques personnes parfument leur tabac avec une *amande* qu'ils nomment fève de *Tongo* ou *Congo* ; c'est un fruit à noyau en baie, de la grosseur et de la forme d'un œuf de pigeon ; le noyau couvert de très-peu de chair, est dur et épais ; son *amande* est coriace, huileuse et très-odorante. On ne connaît

(*n*) Le *macouba* est un tabac de la Martinique préparé avec le sucre brut dissous dans l'eau ; ce qui lui donne un *montant* approchant de l'odeur de la violette.

encore, écrivait en 1809 M. Magnien, administrateur des douanes, ni l'arbre qui produit ce fruit, ni le lieu où il croît.

Dans les manufactures de la ferme générale, on se contentait, comme on le fait aujourd'hui dans les manufactures impériales, d'un léger mouillage avec de l'eau et du sel. La qualité supérieure dite *tabac d'étrennes*, n'était due qu'au choix des feuilles qu'on tirait des provenances les plus estimées. Aujourd'hui la nature du climat, le temps de la récolte, le mélange d'un tabac d'un pays avec celui d'un autre, sont encore les seules causes qui, dans les manufactures impériales contribuent comme au temps de la ferme générale, à former la couleur, la saveur et l'odeur de ce produit.

Les bénéfices résultant de la vente du tabac ne pouvaient manquer d'exciter la cupidité et de l'induire à des manœuvres de fabrication ayant pour objet soit de flatter les caprices des consommateurs, soit de le tromper sur la quantité réelle de la chose vendue ; heureux encore, quand les substances employées à ces falsifications, n'étaient point de nature à compromettre la santé (o). Ainsi le professeur Huféland dans son écrit sur l'art de prolonger la vie, parle d'une fabrique où l'on était dans l'usage de mêler le tabac d'Espagne avec du Minium rouge, véritable poison, afin de lui donner plus de couleur et de poids. Rémer, professeur à l'université de Kœnisberg, ob-

(o) J. Roques, phytographie médicale.

serve également que le tabac est souvent empreint de substances hétérogènes très-nuisibles; que certains tabacs à fumer sont falsifiés par le sulfate
de fer, le bois de campêche et la noix
de galle dont la fumée produit le vo-
missement et l'enflure de la langue;
que le tabac jaune est préparé avec la
gomme gutte, le noir avec les graines
de cévadille; qu'enfin on y trouve
aussi de l'alun et des sels corrosifs
comme le muriate de mercure et de
l'oxide de plomb, etc.

En Hollande, dit M. Deu, ancien directeur des douanes (*p*), on se sert de

(*p*) Dictionnaire des productions de la nature et
de l'art qui font l'objet du commerce de la France
soit avec l'étranger soit avec ses colonies.

la terre de Cologne (*q*), dans la fabrication du tabac. La Hollande en tire une grande quantité pour cet usage; on l'emploie pour colorer le tabac et en augmenter le poids et le volume. Le vendeur y gagne, l'acheteur seul est lésé puis qu'il paye comme tabac et au poids de cette poudre, une matière qui n'est revenue au marchand que de trois à quatre francs par quintal.

En France, par l'effet du décret impérial du 29 décembre 1810, qui attribue à la régie des droits réunis exclusivement, l'achat des tabacs en feuilles,

(*q*) *Terre de Cologne* : Substance terreuse d'un brun foncé qu'on trouve aux environs de Cologne en deçà du Rhin, en amas enfouis en terre, elle paraît être le résultat de la décomposition de bois fossiles (Dictionnaire des productions etc.) (*p*).

la fabrication et la vente des tabacs fabriqués, la santé publique est tout à fait sauvegardée des dangers qui peuvent résulter des falsifications. Ainsi, depuis l'année 1811, la fabrication du tabac en France appartient au gouvernement qui en a le monopole absolu, et qui fait exécuter cette fabrication sous la direction d'une administration spéciale dépendante du ministère des finances, dans dix manufactures qui sont situées : à Paris, à Lille, au Hàvre, à Morlaix, à Bordeaux, à Tonneins, à Toulouse, à Lyon, à Strasbourg et à Marseille.

La fabrication se fait avec les feuilles qui proviennent des six départements où la culture est autorisée, et d'un très-grand nombre de crus étrangers, tels que la Hongrie, la Hollande, Tombéky, la Macédoine, la Syrie, l'Argolide, l'Algérie, l'île de Cuba, la Virginie, le Maryland, la Colombie, la Chine, Java, Porto-Rico, le Brésil, la Nouvelle-Grenade, etc.

La fabrication produit dans les manufactures françaises trois espèces de tabac à fumer ; le tabac ordinaire ou de *caporal*, qui se compose d'un mélange de feuilles indigènes et de feuilles étrangères de Maryland, de Hongrie, etc.

Le tabac de cantine pour lequel on n'emploie que les feuilles indigènes de qualité supérieure, qu'on mélange avec les déchets provenant de l'écotage des tabacs étrangers.

Et enfin le tabac *supérieur ou étranger* ; où il n'entre que des feuilles étrangères sans mélange aucun. Tels sont le Maryland, le Porto-Rico, le Varinas, le tabac du levant, etc.

A ces trois espèces, il faut maintenant ajouter le tabac à fumer *dit pour les troupes*, fabriqué en exécution du décret impérial du 29 Juin 1853.

On ne fabrique en France que des cigares des deux dernières qualités et seulement dans les manufactures de Marseille, Toulouse, Bordeaux, Tonneins, Strasbourg et Paris; mais particulièrement dans celle de Marseille qui ne fabrique que les cigares et du tabac en poudre. Les cigares à cinq centimes sont faits entièrement avec du tabac de France et surtout des provenances de l'Algérie. Ceux de la qualité immédiatement supérieure sont composés de feuilles de Maryland et de la Havane et sont du prix de dix et de quinze centimes; ceux dit *étrangers,* c'est-à-dire les anciens cigares à quinze centimes et tous les autres, arrivent tout faits de la Havane, de Manille, de la Colombie, de la Nouvelle-Grenade et de Bahia.

Après avoir exposé les détails technologiques de la fabrication du tabac, nous pensons que les résultats de l'analyse chimique de cette plante faite par M. Vauquelin (*r*), ne seront pas sans intérêt et compléteront d'ailleurs ce qui se rapporte à la fabrication. Le célèbre chimiste a opéré sur la variété à larges feuilles ou tabac mâle, *nicotiana tabacum*, et en a obtenu une grande quantité d'albumine, une matière rouge, soluble dans

(*r*) Annales de chimie, tome LXXI, page 59.

l'alcool et dans l'eau, se boursoufflant considérablement lorsqu'on la chauffe et dont la nature n'est pas encore bien connue ; *un principe* acre, volatil, incolore, légèrement soluble dans l'eau, très-soluble dans l'alcool. De la résine verte, de la fibre ligneuse, de l'acide acétique, du nitrate et du muriate de potasse, du muriate d'ammoniaque, du muriate acide de chaux, de l'oxalate et du phosphate de chaux, de l'oxide de fer et de la Silice.

Le tabac pulvérisé a fourni les mêmes substances, et en outre du carbonate d'ammoniaque.

« Que de choses dans un menuet, » a dit un célèbre danseur; que de choses pourrions-nous dire aussi, dans une pipe ou dans une prise de tabac, dans un cigare ou même dans une cigarette!...

C'est dans le *principe* acre, volatil et incolore, que résident au dire des chimistes les propriétés particulières du tabac, ainsi que la saveur et l'odeur qui lui sont propres (*s*), ce principe a été nommé *nicotine* ou *nicotianine*. Naguère vers la fin de l'année 1850, dans un procès tristement célèbre, le comte de Bocarmé a affirmé devant la cour d'assises de Mons qu'on pouvait classer les tabacs selon leur qualité, d'après le plus ou moins de *nicotine* qu'ils contenaient. Dans le même procès, M. Stas, professeur de chimie à l'école militaire de Bruxelles, chargé d'éclai-

(*s*) Dictionnaire des drogues simples et composées.

rer la justice, et qui dans cette circons-
tance a fait faire un progrès remarquable à la médecine légale, a confirmé
par des expériences décisives, la redou-
table énergie de cette substance. Ainsi,
il faut bien le dire, le tabac est doué
de propriétés vénéneuses très-actives
qu'il doit à la *nicotine*, violent poison,
dont une seule goutte appliquée sur
la langue, a fait périr comme foudroyés
des chiens, des chats et des lapins.

La décoction des feuilles ou de la
poudre de tabac introduite soit dans l'es-
tomac, soit dans les intestins, exerce
très-promptement sur les voies alimen-
taires et sur l'appareil nerveux, une action véhémente et narcotique qui peut
rapidement devenir mortelle. Les propriétés du tabac devaient conduire la
médecine à en faire l'application au

traitement de quelques maladies ; c'est aussi ce qui est arrivé. La pharmacie prépare donc avec la *nicotiane-tabac*, des infusions, des poudres, des vins et des sirops qui tous sont des remèdes énergiques mais dangereux, et dont l'emploi doit être laissé exclusivement à la prudence des médecins.

CHAPITRE TROISIÈME.

USAGES ET EFFETS DU TABAC, SA CONSOMMATION EN FRANCE ET A L'ÉTRANGER.

SOMMAIRE.

C'est en fumée qu'il a été d'abord fait usage du tabac. — Façon de fumer des Caraïbes. — Pipe Persanne ou *Callion*, *Houka* ou *Narghilé*. — L'usage du tabac vivement préconisé et attaqué. — Interdiction de son usage sous peine de mort, ou d'avoir le nez coupé. — Cruauté de Cha-Sephi roi de Perse, plaisanterie de Cha-Abas 1ʳ. — Excommunications prononcées contre ceux qui prenaient du tabac dans les églises.

— Thèse soutenue en 1699 par Claude Berger contre l'usage du tabac. — Usage du tabac en Orient, en Espagne, en France. — Recherches des causes du plaisir résultant de l'usage du tabac. — Le tabac ne peut être remplacé par aucune autre plante. — Analogie des effets produits par le tabac avec ceux produits par l'opium et le chanvre Indien. — Les thériakis. — Coquenar, hatchisk, malach. Consommation individuelle et annuelle du tabac en France et dans les autres états de l'Europe. — Accord de notre système avec les faits recueillis par la statistique.

Nous avons dit que le tabac est originaire de l'Amérique. Quand les Espagnols abordèrent au Mexique, ils le trouvèrent en usage parmi les habitants qui l'aspiraient en fumée au moyen de morceaux de roseaux plus ou moins longs, remplis de tabac, ces roseaux étaient allumés par un bout,

et la fumée aspirée par l'autre bout. Les Caraïbes des îles Antilles, dit Valmont de Bomare, ont une façon très-singulière de fumer le tabac : « Ils en-
« veloppent les brins de tabac dans
« certaines écorces d'arbres, très-
« unies, flexibles et minces comme du
« papier; ils en forment un rouleau,
« l'allument, en attirent la fumée avec
« leur bouche, serrent les lèvres, et
« par un mouvement de la langue con-
« tre le palais, ils font passer la fumée
« par les narines!.... » Cette manière de fumer qui en l'année 1800 excitait si grandement la surprise de Valmont de Bomare, n'étonne plus personne aujourd'hui, et il n'est pas besoin d'aller aux îles Antilles, ni de fréquenter les Caraïbes pour voir fumer de cette façon.

Dans les deux presqu'îles de l'Inde et dans les îles de l'Océan oriental, presque tous les peuples idolâtres fument des *chirontes* ou petits rouleaux de feuilles de tabac appelés *cigales* en Amérique. Les *cingualais* (*t*), dit Strachan (*Culture du tabac dans l'île de Ceylan*), prennent du *Kapada* ou tabac haché, le roulent, l'entourent d'un fragment de feuille sèche de l'arbre nommée *Wattukan*, l'allument d'un côté et en tirent la fumée de l'autre jusqu'à ce qu'il soit consumé.

En Europe, en Turquie, en Afrique, en Perse, en Chine, etc., etc., on se sert de la pipe pour fumer; les sauvages de l'Amérique ont leur calu-

(*t*) Ce pourrait être l'étymologie du mot *cigale,* d'où *cigare.*

met. Les voyageurs Chardin et Tavernier ne manquent pas de décrire l'appareil assez compliqué avec lequel on fume le tabac en Perse et aux Indes orientales. Cet appareil que les Persans nomment *callion* ne diffère point dans son principe du *houka* ou *Narghilé* et consiste dans une bouteille de verre avec un col assez gros ; ce col est fermé hermétiquement par un bouchon. Le bouchon est percé, 1° d'un trou vertical qui reçoit un tube de bois ou de métal, lequel par une extrémité plonge dans l'eau dont la bouteille est à moitié pleine ; à l'autre extrémité du même tube et au-dessus du bouchon, est adapté un godet de terre ou de métal, c'est *le fourneau.* 2° Le même bouchon est percé d'un deuxième trou auquel est ajusté un tuyau plus ou moins long, flexible ou rigide ; une extrémité de ce tuyau donne dans la partie vide de la bouteille, et l'autre extrémité est destinée à être saisie par les lèvres du fumeur.

Lorsqu'on veut fumer, dit Chardin : (*Voyages en Perse et autres lieux de l'Orient*), « on mouille un peu le tabac « qui est dans le godet, afin qu'il ne « brûle pas si vîte ; on met dessus deux « ou trois petits charbons ardents, « puis en tirant son haleine, la fumée « du tabac vient par force en bas le « long du tube et entre dans l'eau, d'où « elle remonte pour venir à la surface ; « lors en tirant encore, elle vient par « le tuyau à la bouche de celui qui « fume, non seulement fraiche, mais « aussi épurée de ce que le tabac a de « plus onctueux et grossier. Ces bou-

« teilles sont ordinairement pleines de
« fleurs pour le plaisir des yeux , on
« en change au moins une fois le jour
« l'eau qui est toute corrompue et
« toute puante des esprits du tabac;
« et j'ai éprouvé , qu'une tasse de
« cette eau est un prompt remède pour
« vomir jusqu'aux entrailles. »

La pipe et le cigare sous diverses formes, ont donc servi dès l'origine, à aspirer le tabac en fumée ; ce n'est qu'ensuite qu'il a été fait usage du tabac en poudre à prendre par le nez, et en feuilles préparées pour être mâchées.

L'usage du tabac fut d'abord vivement préconisé et attaqué plus vivement encore par les écrivains et les savants. Plus de cent volumes dont un allemand a conservé les titres, furent écrits sur ce sujet, et le plus remarquable de ces ouvrages fut, dit-on, composé contre le tabac par Jacques Ier, roi d'Angleterre.

Plusieurs souverains prononcèrent les peines les plus sévères contre l'usage du tabac. Un grand duc de Moscovie défendit sous peine de mort, l'introduction de cette plante dans ses États. Le sultan Amurat IV interdit à ses sujets l'usage du tabac à priser, sous peine d'avoir le nez coupé. Le voyageur Tavernier raconte (*Voyages en Turquie, en Perse et aux Indes*), que Cha-Séphi roi de Perse, défendit un jour à ses sujets de fumer du tabac; deux riches marchands indiens ayant été surpris en flagrant délit, furent saisis, liés et menés au roi, qui donna l'ordre qu'on leur versât du plomb

fondu dans la bouche, jusqu'à ce qu'ils
en mourussent... ce qui fut exécuté.

Au dire de Chardin, Cha-Abas Ier
grand-père de Cha-Séphi, avait aussi
tenté divers moyens pour empêcher
l'usage du tabac, mais vainement ;
ayant un jour tous les grands en festin
avec lui, il commanda que les callions
qu'on leur servirait eussent le godet
plein de crotte de cheval séchée et
broyée au lieu de tabac ; cela ne se pouvait connaître à la vue, le tabac se ser-
vant aussi broyé et un peu mouillé avec
du feu dessus. Le roi demandait de
temps en temps aux grands : « Com-
« ment trouvez-vous ce tabac ? C'est
« un présent de mon vizir d'Hamadan,
« qui, pour m'en faire prendre, mande
« que c'est le plus excellent tabac du
« monde. » Chacun lui répondit : « Sire,

« c'est un tabac merveilleux, il ne s'en
« peut trouver de plus exquis. » Enfin,
le roi s'adressant au général des *Court-*
ches, qui sont l'ancienne milice de
Perse, lequel passait pour un seigneur
ferme et droit par-dessus les autres, il
lui dit : « Seigneur, je te prie, dis-moi
« librement et au vrai, comment tu
« trouves ce tabac ? » « Sire, » répon-
dit-il, « je jure par votre tête sacrée,
« qu'il sent comme mille fleurs. » Le
roi se mettant à les regarder tous avec
indignation : « Maudite soit la drogue, »
dit-il, « qui ne se peut pas discerner
« d'avec la fiente de cheval ! »

Cette révélation ne dut causer qu'une
médiocre satisfaction aux convives,
qui d'ailleurs, recevaient le prix de
leur flatterie. Il faut cependant convenir que si Cha-Abas abusait un peu de

sa position, à tout prendre, cela était plus supportable que les procédés de son petit-fils.

Enfin, disons encore que deux papes, Urbain VIII et Clément XI, lancèrent les foudres du Vatican contre ceux qui prenaient du tabac dans les églises.

Cependant, toutes ces attaques et ces prohibitions ne firent, en réalité, qu'accroître et exciter le goût pour le tabac. Le père Labat raconte qu'en 1699, Claude Berger soutint à l'École de médecine de Paris, une thèse sur cette question : « Le fréquent usage du ta- « bac abrége-t-il la vie? » Et qu'on conclut pour l'affirmative. Mais ce qui parut singulier, c'est que le candidat et M. Fagon, premier médecin du roi, qui présidait à la thèse, et dont sans doute les habitudes et les principes n'étaient pas bien d'accord, ne cessèrent pas un moment de renifler du tabac, tout en argumentant contre son usage.

Nos peuples d'occident, écrivait Chardin en 1665, prennent du tabac en fumée, en feuilles et en poudre comme chacun sait ; et quelques-uns, comme les Portugais, en ont toujours le nez plein. Les peuples d'orient ne le prennent qu'en fumée, mais avec la même insatiabilité. La plupart, et surtout les Persans, ayant toujours la pipe à la bouche ; les gens de qualité se font porter leur pipe ou *callion* par un homme à cheval, et souvent ils s'arrêtent en chemin pour fumer, ou fument à cheval même. Allez dans les collé-ges, vous trouverez le régent et le disciple au plus fort de leurs études, tous deux la pipe à la bouche... en un mot, ils se passent de manger plutôt que de fumer.

Les Persans, tant hommes que femmes, dit Tavernier, s'accoutument si bien dès leur jeunesse à fumer le tabac, que de le leur ôter, c'est comme si on leur ôtait la vie. La plupart se passeraient plutôt de pain, et un artisan qui n'aura que la valeur de cinq sols à dépenser, en employe trois en tabac. Au temps de leur *Rahmazan*, ou grand jeûne, qui est de dix-huit heures lorsqu'il tombe en été, pendant lesquelles dix-huit heures de suite, ils ne prennent pas même de l'eau, la première chose avec laquelle ils rompent le jeune est le tabac. Plusieur avouent bien que l'usage excessif de cette plante les affaiblit, les dessèche, les exténue, et ils en conviennent généralement ; mais quand on le leur représente, ils disent simplement *adedchoud, c'est une habitude ;* et ils ajoutent : « *Il n'y a de joie au cœur que par* « *le tabac.* »

Peut-être que les Persans descendants des anciens disciples de Zoroastre, regardent, sans en avoir même la conscience, l'acte de fumer le tabac comme l'hommage le plus intime qu'ils puissent rendre au feu symbole de la divinité: et que, pour eux, *fumer c'est prier ;* on le dirait au moins, à voir le recueillement et la gravité solennelles qui président chez eux à l'accomplissement de cet acte.

Suivant M. de La Borde (*u*), aujour-
d'hui en Espagne, on fume partout ;
dans les rues, dans les promenades,
au jeu, au bal, dans l'intérieur des
maisons, même quelquefois auprès des
dames et dans la société : les médecins
fument dans les consultations, les gens
d'affaires dans les conseils. Quelquefois,
ceux qui fument présentent leur *ci-
garro* à leurs voisins qui se le passent
les uns aux autres, et s'en servent chacun son tour. Beaucoup de femmes,
surtout en Andalousie, ont aussi contracté cette habitude.

Les promenades de Paris, écrivait
J. Roques, en 1835, offrent aujourd'hui
un singulier spectacle : on y rencontre

(*u*) Itinéraire de l'Espagne à Madrid, à Barce-
lonne, à Valence, etc.

des fumeurs de toute espèce ; des vieillards caducs, des jeunes gens élégamment mis et pourvus d'énormes moustaches, des enfants, des écoliers imberbes ; pas un de ces fumeurs, n'oserait se montrer la bouche désarmée ; il lui faut la pipe ou le cigare ; dans la rue, sur les boulevards, dans tous les passages, un affreux nuage de tabac s'élève autour de vous, vous poursuit, vous infecte, vous étouffe!... Nous n'avons rien à ajouter à ce tableau, si ce n'est qu'il devient chaque jour de plus en plus *saisissant ;* nous n'y pouvons rien, nous nous bornons simplement à constater le fait en répétant avec un poète (*v*).

(*v*) Barthélemy ; l'art de fumer, ou la pipe et le cigare, poème en trois chants. Bruxelles 1844.

« Le fumeur si longtemps traqué par l'étiquette,
« Marche d'un air qui dit : le monde est ma conquête ;
« Et libre dans son culte, admiré des passants,
« Sur l'asphalte public lance des flots d'encens. »

Ainsi bon gré malgré, partout l'usage du tabac s'est établi, étendu, et tend à s'accroître indéfiniment... Paris est une tabagie, en attendant que le monde entier devienne un estaminet.

Mais en voyant de toutes parts les hommes priser, fumer ou mâcher du tabac (x), sur toutes les parties du globe, à toutes les latitudes, sous l'influence de tous les climats, à tous les degrés de la civilisation, dans les palais et dans les chaumières, dans les ateliers et dans les boutiques, sous la tente et sur le tillac ; en considérant

(x) Flore médicale décrite par M. M. Chaumeton, Poiret et Chamberet, 1831.

qu'il est partout vivement appété, et que pour ceux qui en ont l'habitude, sa privation est un malaise et un véritable tourment; qu'en tous lieux enfin, son usage est tellement nécessaire qu'il est devenu une source abondante de richesses pour la plupart des gouvernements; on ne peut faire autrement que de se demander comment et pourquoi, une substance qui par elle-même est, il faut bien en convenir, un véritable poison, et qui lorsqu'on n'y est pas habitué affecte très-désagréablement nos organes, est cependant devenue un objet d'un usage si général pour tant de peuples sauvages, et de nations barbares ou plus ou moins civilisées.

Nous avons donc adressé à bien des personnes cette question:

— Quel plaisir trouvez-vous à fumer?

Et il nous a été généralement répondu :

— Je n'en sais rien, mais cela me distrait ; — cela m'amuse ; — cela change mes idées ; — ma pipe me tient compagnie ; — je me promène avec mon cigare.

Quelques-uns nous ont fait la réponse des Persans :

— C'est une habitude.

Lorsque nous avons demandé :

— Quel plaisir trouvez-vous à fumer ?

Nous avons obtenu à peu près les mêmes réponses ; de plus quelques-uns nous ont dit :

— Cela me pique le cerveau ; — cela me réveille ; mais aucun ne nous a répondu, — cela m'endort.

Enfin lorsque nous avons demandé :

— Est-ce bien bon de mâcher du tabac?

On nous a répondu :

— Que cela ne valait pas grand chose; et même qu'on voudrait bien pouvoir s'en priver; mais qu'on y était trop habitué.

Nous avons alors cherché dans les livres, et nous avons lu : que l'usage du tabac en poudre excite les fonctions du cerveau, dissipe les migraines, provoque des évacuations qui soulagent dans certains maux de tête et certaines ophtalmies... Mais que par l'abus de cette substance l'odorat se perd, la tête s'embarrasse, la mémoire s'affaiblit, etc, etc. ; que l'usage du tabac en fumée ou en masticatoire, peut convenir pour le mal de dents, pour rendre les soldats et les matelots moins sensibles à la disette des vivres, et pour les préserver et les guérir des attaques du scorbut; que la fumée du tabac peut-être employée avec succès dans l'asphyxie par submersion en l'insufflant dans les voies aériennes des noyés où elle détermine de l'irritation, et en même temps la contraction du diaphragme et tend ainsi à rétablir la respiration; que l'usage du cigare ou de la pipe noircit les dents, mais que la cendre de tabac est très-bonne pour blanchir les dents, etc., etc. Tout cela nous a paru ne point répondre à notre question, car ce n'est pas principalement comme médicament qu'il est fait usage du tabac; s'il en était ainsi, la vente du tabac pourrait être dévolue aux pharmaciens, semblablement à celle de l'opium et des autres médicaments ; mais c'est comme objet de consommation devenu nécessaire par habitude (*y*) pour une infinité de personnes, que le tabac est généralement employé ; MAIS POURQUOI ? telle est toujours la question : qu'il nous soit permis d'exposer nos idées à ce sujet.

Il nous paraît que le besoin le plus incessant de notre nature, est celui d'éprouver des sensations, d'occuper nos sens ; on s'est donc livré à l'usage du tabac avec d'autant plus d'ardeur, qu'on y a trouvé le moyen certain de

(*y*) J. Roques dans sa phytographie médicale, fait observer à ce sujet, que lorsqu'on a contracté l'habitude de fumer ou de prendre du tabac en poudre, il ne faut pas y renoncer tout à coup, et cite l'exemple de M. Goucy limonadier au Palais-Royal qui fut frappé d'apoplexie pour avoir cessé brusquement l'usage de la pipe.

satisfaire à peu de frais, le besoin d'é-
prouver des sensations, et aussi celui
d'être distrait momentanément d'autres sensations ou préoccupations pénibles ou douloureuses. En résumé,
avec le tabac, nous nous donnons à
volonté à nous-mêmes, toujours et
avec certitude, des sensations indivi-
duelles, en quelque sorte spéciales, et
auxquelles nous tenons d'autant plus,
qu'il nous a fallu, pour ainsi dire, les
conquérir et nous les approprier, en
surmontant d'abord une véritable ré-
pugnance. Puis, selon les circonstances et le penchant des caractères, nous
obtenons : soit de nous distraire d'autres sensations douloureuses ou de
pensées pénibles ; soit d'éprouver avec
plus d'intensité et d'abandon des sensations déjà agréables par elles-mêmes :

soit de concentrer la réflexion sur un sujet choisi (z) ; soit enfin de suspendre pour ainsi dire toutes les sensations, ou mieux, de les absorber toutes dans la sensation même, ou plutôt dans la somme des sensations résultant de l'usage du tabac.

En effet, plusieurs sens sont occupés simultanément par cet usage :

1º Par les Fumeurs ;	*La vue, l'odorat, le goût.*
2º Par les Priseurs ;	*L'odorat, le goût.*
3º Par les Chiqueurs ;	*Le goût.*

Et c'est un fait parfaitement constaté, que le nombre d'individus dans chaque classe de ces consommateurs, est, pour ainsi dire, en un certain rapport

(z) En parlant d'un sujet qui mérite reflexion, les Hollandais disent: « Nous fumerons quelques « pipes sur cette affaire. »

avec le nombre de sens mis en action pour la consommation du tabac; de telle sorte que pour un chiqueur ou mâcheur de tabac, il y aurait au moins deux priseurs et trois fumeurs.

Il faut donc reconnaître : que les fumeurs sont ceux qui doivent éprouver le plus de sensations par l'usage du tabac, et nous ajoutons que pour les fumeurs, il nous paraît que le tabac est brûlé surtout pour le plaisir des yeux : en effet, qu'on essaye de fumer en fermant les yeux, et presque tout le plaisir qu'on avait à fumer, disparaîtra. Nous ne pensons pas qu'on ait jamais vu fumer un aveugle de naissance ; et on peut s'assurer à l'hôtel impérial des Invalides, que les militaires qui avaient contracté l'habitude de fumer, et qui ont eu le malheur de perdre la vue, ont cessé de fumer, et que la plupart ont alors échangé la pipe contre la tabatière. Disons cependant que pour le fumeur, il faut non-seulement qu'il voie la fumée, mais qu'il la sente et qu'il la goûte en même temps, ce qu'il ne peut obtenir qu'en produisant et en soufflant lui-même la fumée du tabac. De plus, le tabac est encore brûlé pour le plaisir de l'odorat des fumeurs dont ce sens *avant-poste* du goût, se plaît par habitude au parfum spécial du tabac, comme ce même sens et le goût lui-même dans certains moments, au dessert, par exemple, se plaisent par habitude et par l'effet d'une éducation appropriée, aux senteurs et aux saveurs du Sept-Moncel et du Roquefort.

Mais ce qui vient d'être dit à propos

du tabac, ne pourrait-il pas recevoir son application à propos de toute autre substance? Nous ne le pensons pas, et nous disons:

Pourquoi l'opium fait-il dormir? C'est parce qu'il a une vertu dormitive. Eh bien! pourquoi le tabac distrait-il, — amuse-t-il, — calme-t-il, — réjouit-t-il? C'est parce qu'il a une vertu distrayante, amusante, calmante, réjouissante; parce qu'enfin le tabac, c'est le tabac..., c'est donc vainement qu'on a essayé de remplacer le tabac par d'autres plantes, aucune d'elles n'étant le le tabac, jamais aucune n'a pu, ne peut, et ne pourra remplacer le tabac.

Sganarelle prenant du tabac et en offrant à Gusman, nous paraît résumer très-bien tout ce qu'on peut dire sur l'usage du tabac à priser.

96

Sganarelle :

» Quoiqu'en dise Aristote et sa digne cabale,
» Le tabac est divin, il n'est rien qui l'égale ;
» Et par les fainéans pour fuir l'oisiveté,
» Jamais amusement ne fut mieux inventé.
» Ne saurait-on que dire, on prend la tabatière ;
» Soudain à gauche, à droit, par devant par derrière,
» Gens de toutes façons, connus et non connus,
» Pour y demander part, sont les très-bien venus.
» Mais c'est peu qu'à donner instruisant la jeunesse,
» Le tabac l'accoutume à faire ainsi largesse.
» C'est dans la médecine un remède nouveau,
» Il purge, réjouit, conforte le cerveau,
» De toute noire humeur promptement le délivre,
« Et qui vit sans tabac n'est pas digne de vivre.
» O tabac, ô tabac, mes plus chères amours !

. . . .

(*Le festin de Pierre*, acte I, sc. 1re).

Il est vrai que ces vers sont très-connus, mais ils sont bons, et voilà pourquoi nous n'avons pas hésité à leur donner place dans ces souvenirs.

Nous nous plaisons aussi à rappeler la jolie chansonnette de l'opéra du *Diable à Quatre*, chantée par la savetière devenue grande dame :

Je n'aimais pas le tabac beaucoup,
J'en prenais peu, souvent pas du tout ;
Mais mon mari me défend cela :
Depuis ce moment là,
Je le trouve piquant,
Quand
J'en puis prendre à l'écart,
Car,
Tout plaisir vaut son prix,
Pris
En dépit des maris.

Et encore :

J'ai du bon tabac dans ma tabatière . . .

Chansonnette dont la célébrité s'est accrue par le fameux plaidoyer de Béranger ou de Paul-Louis Courrier, nous ne savons plus lequel des deux.

Quant au tabac à fumer, nous ne pouvons mieux faire que de renvoyer nos lecteurs curieux de poésie, au

chant troisième du poëme de Barthélemy, l'art de fumer, ou la pipe et le cigare, déjà cité par nous.

Mais outre l'occupation et l'excitation
données aux sens par l'usage du tabac,
il est vraisemblable que les effets produits sur le cerveau par cet usage, ont
quelque analogie avec les effets qui
résultent de l'usage de diverses productions végétales dont chacun sait
que de temps immémorial, les peuples d'Orient font leurs délices ; nous
avons nommé l'*opium* qui est le suc
qui coule de la tête incisée du pavot
d'Orient, suc épaissi jusqu'à consistance de résine ou de gomme, et *le
haschisch*, substance qui s'extrait des
feuilles, de l'écorce, de la graine, et
même des fleurs ou plutôt du pollen
d'une plante nommée *bangue* ou chan-

vre indien qui a les plus grands rap-
ports avec le chanvre cultivé en Europe (*aa*).

(*aa*) M. Jules Duval, dans l'ouvrage qu'il vient de publier sur les *Expositions Algériennes*, donne quelques détails que nous reproduisons ci-après concernant le haschisch :

Le haschisch est de la famille d'un espèce de chanvre, dit *takrouri* ou *kif*, que les indigènes cultivent pour les propriétés narcotiques qui le font rechercher dans tout l'orient. Dans toutes les parties de l'Algérie, depuis le littoral jusqu'au fond du Sahara, les indigènes cultivent le chanvre takrouri dans les jardins autour des villes, pour en fumer l'extrémité des tiges et des feuilles, ou pour en faire diverses préparations enivrantes. On cueille le haschisch lorsqu'il est en fleur, et l'on en fait sécher les extrémités. On le fume, on le prend en boisson, on le mange ; à Constantinople et dans quelques autres villes, on prépare avec les diverses parties de cette plante, des confitures (*madjoures*) qu'on mange pour se procurer des rêves agréables. On prend, pour faire ces *madjoures*, les extrémités de la plante, on les écrase on ou les pile, et on

Ces extraits servent de base à des préparations dont les orientaux usent et abusent et qui les plongent dans une sorte d'ivresse accompagnée d'un délire qui peut même devenir furieux ; d'exaltations, d'illusions fantastiques et d'hallucinations en rapport sans doute avec leurs désirs les plus vifs et peut-être aussi les plus secrets.

Suivant Sonnini (*Voyage en Égypte*), cet état ne ressemble nullement à l'ivresse occasionnée par le vin ou les liqueurs alcooliques, et notre langue n'a point de termes pour l'exprimer. Les Arabes nomment *keif* l'abandon et

les mêle ensuite avec du miel qu'on fait chauffer, ou avec du beurre qu'on fait fondre. La manière la plus répandue de faire usage du *kif* est de le fumer dans de très-petites pipes ; on le mélange quelquefois avec du tabac.

la sorte de stupeur vaporeuse résultant de l'usage de ces substances.

« Outre le tabac sans lequel les Persans sont incapables de rien faire (*bb*), ils ont *l'opium* ou *afium* fait du pavot qu'ils incisent lorsqu'il est sur pied, et après en avoir tiré le suc, ils le réduisent comme en une masse de pillules. Ils en prennent au commencement gros comme la tête d'une épingle, puis un peu plus, et ainsi vont en augmentant jusqu'à la grosseur d'une moitié de noisette. Quand ils en sont arrivés à ce point là, ils n'oseraient discontinuer à moins de mourir ou de s'adonner au vin. Dans leur jeunesse, on voit ces *Thériakis* ou

(*bb*) Les six voyages de Tavernier en Turquie, en Perse et aux Indes pendant 40 ans, publiés en 1675.

preneurs d'opium (ce qui est une inju-
re parmi eux), avec des visages pâles,
mornes et abattus, et qui ont comme
perdu la parole, lorsqu'ils ont passé un
jour sans prendre de cette drogue qui
leur brouille le cerveau, et dans le temps
de son opération leur fait faire des
actions ridicules et tenir des discours
extravagants; l'effort de la drogue étant
passé, ils se trouvent aussi froids et
aussi stupides qu'auparavant, ce qui les
oblige à continuer d'en prendre. C'est
la cause pour laquelle ils ne vivent pas
long-temps, et que quand ils appro-
chent de quarante ans, ils se trouvent
fort incommodés de douleurs qui pro-
cèdent de la froideur de cette drogue,
qui est une espèce de poison. Si quelqu'un, par désespoir, se veut faire
mourir, il en avale un gros morceau,

puis prend du vinaigre (*cc*) par dessus, de peur qu'on ne le secoure par du contre-poison, et il meurt ainsi comme en riant. »

Les Persans préparent avec la graine et la coque de pavot qu'ils font bouillir une infusion qu'ils nomment *coquenar;* ils font aussi un breuvage qu'ils nomment *bueng,* avec l'écorce, les feuilles et la graine de chanvre broyées et infusées ensemble sans graines de pavot.

Il y a en Perse dans toutes les villes, des maisons comme pour le café, où ces breuvages se préparent et sont livrés aux consommateurs. Dans l'après-

(*cc*) Il est facile de reconnaître que par la combinaison de l'acide acétique et de l'opium il se peut produire de *l'acétate de morphine,* poison narcotique que l'affaire Castaing a rendu célèbre, et que la médecine emploie avec les plus grands succès.

midi, sur les trois ou quatre heures, ces cabarets sont pleins de gens qui vont chercher dans l'enivrement procuré par ces drogues, une trève à leurs ennuis, et qui pendant quelque temps et sous leur influence, ne cessent de rire, de folâtrer, de gesticuler, de parler, de se dire des injures, de s'entre-quereller même, sans pourtant se battre jamais. Mais peu à peu ces effets s'évanouissent et une pâleur mortelle, un affaissement prodigieux succèdent à cet espèce de délire.

On prépare dans l'Inde, dit Chardin, une infusion avec la graine de pavots, la graine de chanvre et celle de noix vomique (*dd*), cette infusion qui

(*dd*) *Strychnos Noix vomique;* fruit d'un arbre d'une grosseur médiocre qui croît à Ceylan, à la côte de Coromandel et du Malabar où il est connu est une sorte de *bueng* et qu'on appelle

sous le nom indien de *caniram*. MM. Pelletier et Caventou ont découvert dans la noix vomique un principe alkalin très-vénéneux qui a reçu le nom de *Strychnine*. M. Ségalas qui a fait un grand nombre d'expériences sur plusieurs espèces d'animaux, compare la propriété de la Strychnine à celle d'une forte décharge électrique. Il ne faut pas oublier que la Strychnine agit avec une intensité extrême; un huitième de grain a quelquefois suffi pour tuer un chien de forte taille. La strychnine est la base de divers poisons végétaux célèbres et très-employés par les Indiens. Tels sont le *bohonupas*, *l'upas tieuté*, *la fève de St-Ignace*, *l'upas-antiar*, etc., avec lesquels ils préparent le fameux poison américain qu'ils nomment *Woorara* ou *Wourali*, dans lequel ils trempent leurs flèches et leurs *cricks* ou poignards. « Quand à l'action du
» poison, dit M. Waterton (voyage dans l'Amé-
» rique du sud), l'animal qui a été atteint tombe
» dans une espèce de sommeil léthargique, et la
» mort survient d'une manière si douce, que le
» blessé ne paraît éprouver d'autre peine que la
» douleur momentanée qu'il a ressentie lorsque le
» trait l'a pénétré. »

poust, est beaucoup plus forte que les autres ; elle jette selon la dose qu'on en prend, en une démence bouffonne et gaie, et en peu de temps elle hébête tout-à-fait ; aussi est-elle nommément interdite par la loi. Les Indiens s'en servent communément sur les criminels d'État à qui on ne veut pas ôter la vie, afin qu'elle leur ôte l'esprit ; et sur les enfants du sang royal qu'ils veulent rendre incapables de régner. Ils disent que cela est moins inhumain que de les faire mourir comme en Turquie, ou de leur crever les yeux comme en Perse.

Avec le chanvre, l'opium, l'ambre jaune, l'ambre gris et d'autres aromates; le bétel, l'areck et d'autres substances, les Indiens savent depuis bien longtemps composer des pastilles à brûler pour en respirer la fumée, ou à mâcher, et des liqueurs non pas énivrantes à la manière de l'alcool, mais on pourrait dire exaltantes et hallucinantes, qui font les délices des Chinois, des Turcs, des Égyptiens et des Persans; mais qui les hébêtent, les abrutissent, les exténuent et finalement les font promptement mourir. Pendant le séjour de l'armée française en Égypte, le général en chef fut obligé de défendre sévèrement la vente et l'usage de ces substances pernicieuses. Dans la colonie hollandaise de Batavia, il est défendu aux troupes d'Europe sous les peines les plus graves, de fumer l'opium qui sert aux Chinois et aux Malais à s'empoisonner volontairement et avec délices.

Les Usbecks, dit Tavernier en 1667, ont introduit depuis peu en Perse la

mode de prendre en fumée comme le tabac, le *tchouherssé*, qui est comme la fleur ou plutôt le coton laineux qui se trouve sur la chénevière. « Ceci, dit notre voyageur, « donne encore des
» illusions au cerveau qui sont quelque-
» fois plaisantes et quelquefois furieu-
» ses, et ceux qui s'en servent demeu-
» rent deux ou trois heures comme
» hors de sens. »

Au surplus, nous avons raconté ces faits, parce qu'il arrive assez souvent qu'on signale comme choses nouvelles et curieuses des épreuves résultant de l'usage des diverses substances végé-tales dont nous venons de parler; épreuves qui ne sont après tout que des reproductions de faits depuis long-temps connus, observés et très-bien rapportés par les anciens voyageurs d'où nous les avons extraits; et parce qu'ainsi que nous l'avons dit, on ne peut s'empêcher de reconnaître aux effets produits sur le cerveau par le tabac, une sorte de ressemblance heureusement très-affaiblie, avec ceux résultant de l'usage des diverses substances dont il vient d'être question.

La consommation annuelle du tabac en France (*ee*) s'élève maintenant à plus de dix-sept millions de kilogrammes, en comprenant toutes les espèces de tabac qui se fabriquent dans les manufactures de la régie. Ce total où ne se trouve naturellement pas le poids des tabacs achetés en fraude, donne une consommation individuelle de 511 grammes. Un Russe en consomme à

(*ee*) Charles Renier, encyclopédie moderne, article *Tabac*.

peu près le même poids; mais un Italien n'en consomme que moitié; la consommation d'un Allemand ou d'un Hollandais est triple, et celle d'un Belge quatre fois plus forte; enfin en France la consommation individuelle officielle du tabac est à peu près double de ce qu'elle est en Angleterre.

Sur les 511 grammes de la consommation du Français, il y a 198 grammes de tabac à priser et 313 grammes de tabac à fumer (ff) : l'habitude de fumer est donc maintenant à celle de priser comme 158 est à 100.

(ff) Ces chiffres de consommation individuelle peuvent être pris comme représentant la quotité d'habitude de priser et de fumer, de telle sorte qu'on peut établir la proportion ci-après :

$$198 : 313 :: 100 : x$$

$$\text{d'où } x = \frac{313 \times 100}{198} = 158{,}08$$

En 1783, l'habitude de fumer était à celle de priser comme 320 est à 375 ; l'usage de la pipe gagne donc sur celui de la tabatière ; et ce qu'il y a de curieux, c'est que dans ceux de nos départements où la consommation totale individuelle est la plus considérable, car elle est loin d'être la même dans tous ; la consommation du tabac à fumer l'emporte de beaucoup sur celle du tabac à priser ; tandis qu'au contraire dans les départements où cette même consommation est la plus faible, celle du tabac à priser l'emporte sur celle du tabac à fumer (*gg*). C'est que l'usage du tabac

(*gg*) Dans le département du Pas-de-Calais, où la consommation totale individuelle est la plus considérable, cette consommation est de 1605

à priser est celui que l'on prend le plus facilement, et doit par conséquent dominer dans les contrées où la passion du tabac n'a pas encore pénétré. Lorsqu'au contraire on a vaincu le premier effort que demande l'usage de la pipe ou du cigare, le goût du tabac à fumer ne tarde pas à devenir dominant.

Enfin on remarque que c'est surtout dans les départements industriels où se trouvent réunis un grand nombre d'hommes voués aux travaux des manufactures, et travaillant réunis dans

grammes, dont 1436 grammes de tabac à fumer, et 169 grammes de tabac à priser.

Dans le département de l'Aveyron, où la consommation totale individuelle est la moindre, cette consommation est de 148 grammes, dont 40 grammes de tabac à fumer, et 108 grammes de tabac à priser.

de grands ateliers, que l'usage du tabac et surtout du tabac à fumer a pris le plus de développement (*hh*). Le penchant à l'imitation ou l'entraînement, nous paraît être la cause principale de ce fait; et comme la VUE est celui de nos sens qui d'une part communique à la généralité la plus grande somme d'impressions susceptibles d'être reçues et conservées, et qui d'autre part est celui de nos sens le plus impressionné lorsqu'on fume, on fume par imitation relativement à la vue.

Ainsi les faits recueillis par la statistique confirment notre système, et réciproquement notre système explique ces faits.

(*hh*) Il en est de même dans les casernes, dans les camps, dans les armées, sur les flottes.

CHAPITRE QUATRIÈME.

LÉGISLATION DU TABAC.

SOMMAIRE.

Le Gouvernement français a eu le premier l'idée
d'établir un impôt sur la consommation du tabac. — La Ferme des tabacs. — Etablisse-
ment du régime libre en 1791. — Le régime
du monopole est établi par le décret impérial du
29 décembre 1810. — Rapeurs-jurés. — Cautionnements des débitants, leur rétribution. —
Décret impérial du 8 mars 1811 relatif aux
veuves et aux orphelins des militaires, pour l'ob-
tention des entrepôts et débits de tabac. — La

loi du 24 décembre 1814 attribue à l'Etat le monopole des tabacs. — Des lignes. — La connaissance des lois présumée conformément à l'article 1er du code civil, est généralement une supposition gratuite. — Principales dispositions législatives, financières, administratives et pénales relatives au tabac, et prorogations successives jusqu'en 1863 du régime du monopole. — Décret impérial du 29 juin 1855 sur le tabac à fumer des troupes. — Régime du monopole en Algérie. — Législation du tabac, dans les divers États de l'Europe. — En Amérique. — En France l'administration des tabacs dépend du ministère des finances. — Divisions et attributions de cette administration. — Le tabac tout fabriqué n'est pas prohibé aux frontières. — Importance des bénéfices réalisés par la régie, et de ceux attribués aux débitants. — Tableau de l'accroissement progressif de la consommation du tabac et des bénéfices annuels de la régie. — La totalité du revenu produit par la vente du tabac depuis l'établissement de la régie en 1811 jusqu'en 1854, s'élève à plus de QUATRE MILLIARDS de francs. — Conclusion ; dans l'intérêt des particuliers et dans l'intérêt de l'État, le régime du monopole doit-être maintenu.

L'habitude du tabac étant ce qu'on peut appeler un besoin factice, et la consommation de cette plante, dont la production est cependant peu coûteuse, allant chaque jour en augmentant, il en résulte que de tous les objets de consommation le tabac est le plus susceptible d'être imposé. Aussi les divers États n'ont pas manqué de chercher les moyens d'augmenter leurs revenus par l'impôt sur le tabac. C'est le gouvernement français qui a eu le premier, du temps de Richelieu, l'idée d'établir un impôt sur la consommation du tabac qu'il frappa d'abord d'une taxe de quarante sols le cent pesant (ii); la perception de cet impôt resta placée dans les attributions de la ferme géné-

(ii) Charles Renier: encyclopédie moderne.

rale jusqu'en 1697. Depuis cette époque jusqu'à l'année 1718, elle fut affermée à un particulier qui ne payait d'abord pour toute redevance annuelle que cent cinquante mille livres à l'État, et la somme de cent mille livres à la ferme gé_ nérale comme abonnement des droits d'entrée, de sortie et de circulation. Toutefois cette redevance s'accrut successivement, et en 1718 elle s'élevait déjà au chiffre de quatre millions. A cette époque le privilége fut repris par la ferme gé_ nérale, qui paya pour cette exploitation un loyer de plus en plus élevé. Sous ce régime la culture n'était pas libre, excepté dans la Franche-Comté, en Flandre et en Alsace, où il était permis de cultiver, de fabriquer et de vendre. La ferme fournissait à tous les besoins de la France au moyen de huit manufactures situées à Paris, Dieppe, Morlaix, Tonneins, Cette, Le Hâvre, Toulouse et Valenciennes. L'État lui garantissait ses droits par la pénalité la plus sévère (*jj*). La ferme vendait le tabac à peu près le même prix que la régie le vend maintenant; aussi dans les dernières années où elle jouit de son privilége, faisait-elle un bénéfice annuel de plus de neuf millions; elle payait alors à l'État un loyer de trente-deux millions.

Le 24 février 1791 (*kk*) l'Assemblée nationale décréta qu'à l'avenir il serait

(*jj*) Les galères et même la peine de mort pouvaient être prononcées contre les malheureux reconnus coupables d'avoir récolté en contrebande quelques livres de tabac.

(*kk*) Le bulletin des lois et ordonnances de l'année 1791 j'usqu'en 1855, pour tout ce qui concerne la législation du tabac en France.

libre à toute personne de cultiver, fabriquer et débiter du tabac; mais par le même décret, et pour remplir le vide que la suppression de l'impôt sur le tabac allait faire dans les caisses du trésor, l'importation des tabacs étrangers fabriqués fut prohibée, et ces mêmes tabacs en feuilles furent frappés d'un droit d'entrée aux frontières s'élevant à vingt-cinq francs par quintal. Ces moyens ne produisirent presque rien. Alors par décret du 5 septembre 1792, on essaya de diminuer les droits d'entrée, puis en l'an V on les rétablit.

Par la loi du 22 brumaire an VII, la culture, le commerce et la fabrication du tabac furent déclarés libres, mais l'importation du tabac fabriqué ou seulement préparé à l'étranger demeura prohibée, et tout fabricant de tabac dut payer une taxe spéciale à raison de quatre décimes par kilogramme pour le tabac en poudre et en carotte, et deux décimes quatre centimes pour le tabac à fumer et le tabac en rôle. Toutefois l'importation du tabac en feuilles par navires étrangers fut assujétie à un droit d'entrée de trente francs par quintal, et le même droit fut réduit à vingt francs pour les navires français.

Les administrations municipales étaient chargées de surveiller la fabrication et la vente. Cette nouvelle mesure fit à peine augmenter le chiffre total de l'impôt, ce qu'on attribuait au peu de rigueur de la surveillance ; aussi la loi du 10 floréal an X transféra cette surveillance à la régie de l'enregistrement, et elle augmenta en même temps les droits de fabrication. L'impôt cependant restait encore au-dessous de cinq millions ; il y avait loin de ce chiffre à celui de trente-deux millions qu'il avait produit avant 1791. En l'an XII on imposa des licences aux fabricants et aux débitants, auxquels on fit payer de plus des vignettes au prix d'un centime ; on greva la culture qui depuis 1791 était restée libre ; enfin on éleva successivement les droits d'entrée des tabacs étrangers à 100, 200 et 440 francs pour ceux importés par les navires étrangers, et à 80, 180 et 396 francs pour ceux amenés par les navires français.

Le décret impérial du 1er germinal an XIII notamment, prononça la confiscation des tabacs trouvés dans les magasins et boutiques des marchands et débitants non pourvus de licence, et la peine d'une amende égale à dix fois le prix de la licence dont ils auraient dû être pourvus.

A la faveur de toutes ces mesures l'impôt s'éleva cependant à peine à neuf millions en l'an XII, à douze millions en l'an XIII, et à seize millions en l'an XIV; après quoi il resta stationnaire pendant les années suivantes. C'est alors que le 29 décembre 1810 parurent deux décrets impériaux relatifs aux tabacs. Le premier ordonnait l'achat au comptant par la régie des droits réunis, et la prise en livraison avant le 1ᵉʳ mars 1811 de tous les tabacs en feuilles existant chez les cultivateurs, fabricants, négociants et débitants; le même décret déterminait qu'à partir du 1ᵉʳ juillet 1811 il ne pourrait plus être vendu de tabac que par les agents de la régie préposés à cet effet. Le deuxième décret impérial, aussi en date du **29** décembre **1810**, attribua à la régie des droits réunis exclusivement l'achat des tabacs en feuilles, la fabrication et la vente des tabacs fabriqués. Les préliminaires de ce décret, que la nature même et les bornes de cet opuscule ne nous permettent pas de rapporter, présentent des considérations d'un ordre si élevé que cela seul suffirait à la gloire de la plante dont nous essayons de tracer la monographie.

La fabrication et la vente des tabacs, attribuées exclusivement à la régie des droits réunis par le décret du **29** décembre **1810**, furent aussitôt considérés comme d'une telle importance, qu'il fut jugé nécessaire que cette partie des revenus publics fût distincte et séparée des autres revenus perçus par la régie ; c'est ce qui fut établi par le décret impérial du **12** janvier **1811**. Par ce décret, un maître des requètes (*ll*) fut attaché à la régie des droits réunis pour être spécialement chargé , sous les ordres du conseiller d'état directeur de la régie, de la direction et surveillance des achats, fabrication et vente des tabacs. Parmi les articles de ce décret, l'article **44** témoigne du désir du gouvernement de se conformer au goût des particuliers relativement à la grosseur de la poudre du tabac à priser.

« La régie commissionnera dans cha-
» que arrondissement sous le titre de *Râ-*
» *peurs-jurés* des individus auxquels elle

(*ll*) Par décret impérial du **15** janvier **1811**, *M. Helvoët*, maître des requêtes, fut chargé de cette importante direction.

» permettra l'usage d'une râpe à table et
» d'un tamis, et qui pourront se trans-
» porter chez les particuliers pour y râ-
» per les tabacs en carotte. »

Le même décret fixe le chiffre des cautionnements que les entreposeurs et les débitants devaient alors fournir; le cautionnement des débitants était de quinze cents francs à Paris, et allait en diminuant selon la population depuis douze cents francs dans les communes de cinquante mille âmes, jusqu'à trois cents francs, chiffre applicable aux communes de deux mille âmes et au-dessous. Tous ces cautionnements portaient intérêt à quatre pour cent.

La rétribution des débitants se composait de l'augmentation de prix qu'ils étaient autorisés à exiger des consommateurs lors de la vente, et d'une remise en nature pour le trait de balance.

Par l'établissement de la régie des tabacs dans tout l'Empire, le nombre des places déjà à la disposition du gouvernement se trouva ainsi considérablement augmenté ; c'est alors que parut le décret impérial du 8 mars 1811, qui affectait divers emplois civils aux militaires admis à la retraite ou réformés pour cause d'infirmités ou de blessures ; ce même décret assurait aux femmes et aux orphelins des militaires morts en activité de service, concurremment avec les militaires ci-dessus désignés, les entrepôts et les débits de tabacs.

Dès la première année de l'établissement du régime du monopole des tabacs, le produit de cet impôt, le plus juste sans contredit de tous les impôts qui peuvent être établis sur des consommations, et le plus facile à percevoir, s'éleva au chiffre de trente-deux millions qu'il avait atteint avant la révolution.

Le 17 mai 1814, une ordonnance du roi supprima les directions générales des douanes et les droits réunis, mais leurs attributions furent réunies sous le titre de Direction générale des contributions indirectes. A la même date, une autre ordonnance fixa au prix réduit de quatre francs le kilogramme, y compris la remise de cinquante centimes, le tabac des troupes connu sous le nom de tabac *de cantine*; enfin la loi du 24 décembre 1814 attribua formellement à l'État le monopole exclusif de l'achat, de la fabrication et de la vente des tabacs. L'État eut à exercer ce mono-

pole par la régie des contributions indirectes. Après le décret impérial du 29
décembre 1810, il n'y avait évidemment
rien de mieux à faire.

La loi sur les finances, du 28 avril
1816, détermina le *maximum* du prix
des tabacs fabriqués que la régie devait
vendre aux consommateurs, mais ces
prix peuvent être réduits en vertu d'ordonnances. La régie fut autorisée à
vendre aux consommateurs, des tabacs
étrangers de toute espèce ; la régie fut
également autorisée à vendre aux pharmaciens, aux propriétaires de bestiaux
et aux artistes vétérinaires, des feuilles
de tabac indigène, au prix du tabac de
cantine. La même loi prononce la des-
titution sans préjudice des peines portées par l'article 178 du Code pénal, des
préposés aux entrepôts et à la vente

des tabacs, qui seraient convaincus d'avoir falsifié les tabacs des manufactures royales par l'addition ou le mélange de matières hétérogènes. C'est encore de l'année 1816 que date le remboursement des cautionnements.

La loi du 28 avril 1819 prorogea jusqu'au 1er janvier 1826, le régime du monopole des tabacs établi par la loi du 28 avril 1816. Une ordonnance du roi en date du 2 février 1826, prescrivit diverses dispositions relatives à la vente aux prix réduits de différentes qualités de tabacs et à la délimitation des *lignes* où cette vente est autorisée. Ces prix réduits sont applicables à certaines circonscriptions territoriales ou *lignes* au nombre de quatre qui comprennent seulement les départements du nord et de l'est de la France, et paraissent avoir pour objet sinon d'empêcher la contrebande des tabacs , au moins d'en réduire les profits illicites (*mm*).

La loi sur les tabacs du 17 juin 1824, prorogea jusqu'au 1er janvier 1831, les effets de la loi du 28 avril 1816. Par la loi du 19 avril 1829, le titre V, relatif au monopole, de la loi du 28 avril 1816, fut de nouveau prorogé jusqu'au 1er janvier 1837.

Le 24 août 1830 une ordonnance si-

(*mm*) Conformément à l'article 1er du code civil et à l'ordonnance du 27 novembre 1816, la loi est réputée connue un jour après la réception du bulletin des Lois par le ministre de la justice, et elle est bientôt après exécutoire... Mais cette supposition nécessaire, n'est-elle pas gratuite pour le plus grand nombre? nous avons donc pensé qu'il pourrait être utile de présenter ici les principales dispositions législatives financières, administratives et pénales relatives au tabac.

gnée par Louis-Philippe, roi des Français, vint modifier la délimitation des
lignes où le tabac est vendu à prix réduit.

Notons comme renseignement sur
les dépenses jugées nécessaires pour
le service de l'exploitation des tabacs,
que les crédits ouverts à cet effet pendant l'exercice 1833, s'élèvent à la
somme totale de vingt et un millions
huit cent treize mille francs.

Par la loi du 12 février 1835, le régime du monopole fut prorogé jusqu'au
1er janvier 1841, et le Ministre des Finances fut chargé de la répartition annuelle du nombre d'hectares à cultiver
en tabac; ainsi que de la demande aux
départements où la culture est autorisée, des quantités de tabac, de manière
à assurer aux tabacs indigènes, au plus

les quatre cinquièmes des approvisionnements des manufactures royales.

La loi du **23** avril **1836** détermine que
l'amende de cinquante francs par cent
pieds de tabac plantés sans autorisa-
tion sur un terrain ouvert, et de cent
cinquante francs si le terrain est clos
de murs, prononcée par l'article **181**
de la loi du **28** avril **1816**, doit être ré-
glée en proportion du nombre de pieds
au-dessous de cent comme au-dessus.

Par la loi du **23** avril **1840**, la loi du
12 février **1835** portant prorogation du
titre V de la loi du **28** avril **1816** qui attribue exclusivement à l'État l'achat, la
fabrication et la vente du tabac dans
toute l'étendue du royaume, continua
d'avoir son effet jusqu'au **1**er janvier
1852; la même loi prescrivit que les tabacs dits *de cantine* ne peuvent, même

sous marques et vignettes, circuler en quantités supérieures à un kilogramme, à moins d'être accompagnés d'un acquit à caution ou d'une facture délivrée par l'entreposeur.

La loi du **24 juillet 1843** détermina que dans les lieux où la vente des tabacs à prix réduits, dits *de cantine*, est autorisée, nul ne pourra à l'avenir **avoir** en provision plus de trois kilogrammes de tabac de cette espèce, lors même qu'ils seraient revêtus des marques et vignettes de la régie; les contraventions à cette disposition seront punies conformément à l'article **218** de la loi du **28 avril 1816** (*nn*).

(*nn*) Loi du **28** avril **1816**, ART. **217** : « Nul
« ne peut avoir en sa possession des tabacs en feuil-
« les, s'il n'est cultivateur dûment autorisé. »
  » Nul ne peut avoir en provision des tabacs fa-

Une ordonnance en date du **22** octo-
bre **1843** fixe le prix des cigares fabriqués à la Havane dits *régalias* à vingt-
cinq centimes la pièce, et celui des cigares fabriqués à Manille sous la déno-
mination de *quartas*, à quinze centimes;
la même ordonnance autorise la vente
de cigarettes composées avec des tabacs étrangers au prix de :

Les cigarettes à enveloppes simples, **50** centimes le
paquet de dix.

Les cigarettes à bouts en bois, **75** centimes le paquet
de dix.

» briqués autres que ceux des manufactures ro-
» yales, et cette provision ne peut excéder dix ki-
» logrammes, à moins que ces tabacs ne soient re-
» vêtus des marques et vignettes de la régie.
Art. 218. » Les contraventions à l'article pré-
» cédent, seront punies de la confiscation, et, en
» outre, d'une amende de dix francs par kilo-
» gramme de tabac saisi. Cette amende ne poura
» excéder la somme de trois mille francs, ni être
» au dessous de cent francs. »

Enfin une ordonnance en date du 16 juin 1844, autorise la vente en détail de deux espèces de cigares fabriquées à la Havane (île de Cuba) et désignées sous le nom de *panetelas*.

La première sorte à 50 centimes par cigare.
La deuxième sorte à 40 centimes par cigare.

Par décret du 2 mai 1848, le Gouvernement provisoire, tout en maintenant pour les consommateurs le prix du tabac ordinaire en poudre et à fumer, établi par l'ordonnance du 27 août 1839, éleva de vingt-cinq centimes par kilogramme le prix à payer par les débitants à la régie.

Un décret en date du 25 décembre 1849, signé par Louis-Napoléon Bonaparte, Président de la République, apporte des modifications aux délimitations des première et seconde lignes (département des Ardennes), où les tabacs sont vendus à prix réduits.

Les renseignements tout officiels ci-après (*oo*), relatifs aux recettes et aux dépenses totales du monopole des tabacs pendant l'exercice 1850 feront apprécier exactement l'importance de ce monopole.

EXERCICE 1850 :

EXPLOITATION :

	f. c.
Personnel, ...	898.843.47
Matériel, ...	5.680.773.14
Achats et transports de tabacs , . .	22.562.966.69
Dépenses diverses , ...	232.880.11
Total des dépenses , . .	29.375.463.41
Total de la vente des tabacs , . .	122.068.401.66
Bénéfice net, ...	92.692.938.25

Un arrêté du 4 janvier 1851 fixe comme ci-après le prix de vente des cigares de la Havane.

(*oo*) Extraits des tableaux annexés à la loi du 28 mai 1853, portant réglement définitif du budget de l'exercice 1850.

ESPÈCES.	PRIX DE VENTE. — PAR KILOG. DE 250 CIGARES.		PRIX DE VENTE par cigare.
	aux débitants.	aux consommateurs.	
CIGARES fabriqués à la HAVANE.			
Impériales,.......... Panetelas, première sorte, et espèces analogues,....	f. c. 92 00	f. c. 100 00	f. c. 0 40
Cazadores,.......... Panetelas, deuxième sorte, et espèces analogues.....	80 00	87 50	0 35
Régalias extra et espèces analogues,..........	68 00	75 00	0 30
Vegueros,..........	56 00	62 50	0 25

Nous donnons aussi ce tableau comme renseignement relatif aux bénéfices accordés par l'État aux débitants sur les tabacs étrangers.

Le décret du 11 décembre 1851 prorogea jusqu'au 1er janvier 1853 l'attribution exclusive à l'État de l'achat, de la fabrication et de la vente du tabac. Par le même décret, le tarif d'entrée des cigares et cigarettes importés comme provision de santé ou d'habitude, déterminé par la loi du 7 juin 1820, est modifié et établi ainsi qu'il suit :

Cigares et cigarettes importés comme provision de santé ou d'habitude jusqu'à concurrence de dix kilogrammes par destinataire, par les bureaux de douanes ouverts au transit. — 24 fr. le kilogramme (sans décime.)

Puis un décret du 20 janvier 1852 fixe à dix francs par kilogramme le droit d'entrée sur les tabacs fabriqués à l'étranger autres que les cigares et les cigarettes, et permet l'importation de ces tabacs comme provision de santé ou d'habitude par les bureaux des douanes ouverts au transit, jusqu'à concurrence de dix kilogrammes par destinataire.

Par la loi du 3 juillet 1852, le monopole de l'achat, de la fabrication et de la vente du tabac dans toute l'étendue du territoire, continuera d'avoir son effet jusqu'au 1ᵉʳ janvier 1863.

Des décrets successifs (*pp*), rendus

(*pp*) Décret impérial du 26 juillet 1852, autorisant la culture du tabac dans les départements des Bouches du Rhône et du Var à titre de nouvel essai. Décret impérial du 17 novembre 1854, autorisant la culture du tabac dans le département de la Gironde.

sur la demande des habitants, autorisent la culture du tabac dans trois départements, mais en appliquant exclusivement cette culture aux espèces de tabacs légers propres à la fabrication des tabacs à fumer, que l'accroissement continu de la consommation rend nécessaires.

Enfin deux décrets impériaux, l'un du 29 janvier 1853, pour l'armée de terre, l'autre du 10 août 1853, pour l'armée navale, autorisent la livraison aux troupes du tabac de *cantine* à fumer au prix de un franc cinquante centimes le kilogramme, et à raison de dix grammes par jour pour chaque ayant-droit, d'après l'effectif dûment constaté, aux sous-officiers et soldats pour les troupes de l'armée de terre ; aux maîtres, quartiers-maîtres et matelots, aux sous-officiers et soldats d'infanterie, d'artillerie et de gendarmerie de marine, ainsi qu'aux ouvriers d'artillerie et aux gardes-chiourmes, lorsqu'ils seront en activité de service, soit dans la rade, soit dans les ports.

Pour terminer ce qui concerne les dispositions législatives, relatons le décret impérial du 31 mai 1854, en vertu duquel des entrepôts de tabacs fabriqués dans les manufactures impériales de France sont établis en Algérie ; ces entrepôts de tabacs, établis dans les villes de l'Algérie où il existe des entrepôts de poudres à feu, sont gérés par des entreposeurs des poudres à feu. Le prix de vente de ces tabacs est fixé comme ci-après :

		Prix de vente par kilog.	
		aux entrepos^{rs}	aux consommat^{rs}
		f. c.	f. c.
Tabacs dits ordinaires.	{ en poudre. / à fumer. }	5.50	6.00
Tabacs dits étrangers.	{ en poudre. / à fumer. }	7.50	8.00

Ces tabacs ne pourront être introduits et consommés en France. Toute infraction à cette disposition sera considérée comme une importation frauduleuse et punie comme telle.

Dans quelques États le gouvernement s'est emparé, comme il l'a fait en France, du monopole de la fabrication du tabac : tels sont les États-Sardes, les États-Romains et l'Autriche, moins la Hongrie. A Parme et dans les États-Sardes, la culture est tout à fait interdite, la régie faisant ses achats à l'étranger. Dans les État-sRomains et en Autriche elle n'est que réduite, comme en

France. Il y a d'autres États où la culture, la fabrication et la vente sont entièrement libres et même encouragées de manière à leur faire prendre le plus d'extension possible; tels sont les divers États de l'Amérique. Il est vrai que le tabac qu'on y récolte est partout d'une qualité supérieure, en sorte qu'on le cultive, non pas seulement pour la consommation intérieure, mais principalement pour l'exporter dans le monde entier. On ne cherche donc pas à grever d'un impôt une plante qui est un des plus beaux produits du pays, et une des principales branches de son commerce (qq).

Il y a un assez grand nombre des

(qq) Au chapitre 1er nous avons fait remarquer qu'aujourd'hui l'Amérique absorbe une grande partie de ses produits.

États de l'Europe où la culture, la fabrication, la vente du tabac ordinaire
et l'introduction des tabacs étrangers
sont abandonnées à l'industrie particu
lière, qui paye seulement un impôt
plus ou moins élevé, comme pour les
autres industries et les autres commer-
ces. Tels sont le Danemarck, la Suède,
la Russie, la Belgique, la Hollande et
le Zollverein, qui réunit, comme on
sait, tous les États Germaniques, à
l'exception de ceux du midi, du Hanôvre
et des villes anséatiques.

En Angleterre, la fabrication et la
vente sont abandonnées à l'industrie
particulière; seulement la culture y est
absolument interdite, et les tabacs
étrangers payent à l'entrée des droits
de licence, de fabrication et de vente.
Ce pays est celui de tous qui prélève

sur le tabac l'impôt le plus considérable relativement à la population, le revenu qu'il en tire s'élevant annuellement à quatre-vingts millions de francs;
c'est à peu près la somme annuelle des
bénéfices de la régie en France, où la
consommation individuelle officielle
est environ le double de ce qu'elle est
en Angleterre.

Enfin il y a quelques États où l'industrie des tabacs est affermée comme
elle l'était autrefois en France : tels
sont le Portugal, la Toscane, Naples,
la Pologne, le Valais et l'Espagne (*rr*).

(*rr*) *La Gazette de Madrid* du 10 novembre
1855 fait connaître que le ministre des finances
est autorisé par la Reine à présenter aux Cortès
un projet de loi portant que la régie du tabac est
supprimée, et qu'en conséquence à partir du 1er
juillet 1857, seront complétement libres l'importation, la fabrication et la vente du tabac dans la
éninsule et dans les iles adjacentes. La cul-

En Espagne, en Portugal et en Toscane la *culture* du tabac est tout à fait interdite ; à Naples et en Pologne elle est restreinte ; dans le Valais elle est permise, mais seulement à la ferme ; dans ces divers États c'est le prix du bail payé par la ferme qui constitue la totalité de l'impôt.

Nous avons dit (*chapitre deuxième*) qu'en France, l'administration des tabacs dépend du ministère des finances, dont elle forme une division placée sous la direction supérieure d'un directeur-général, qui a sous ses ordres un administrateur ou chef spécial , dont

ture de cette plante continuera d'être prohibée, sans préjudice des essais de culture que pourra faire le gouvernement sur les points où il le jugera convenable ; suit un tarif de droits à payer pour l'importation du tabac destiné à la consommation du royaume d'Espagne.

la division comprend trois bureaux.

Le bureau des achats et de la fabrication est dirigé par un conseil supérieur chargé de prendre toutes les décisions relatives aux achats à faire, et à toutes les questions qui intéressent la fabrication. Chacune des dix manufactures est administrée par un régisseur chargé de la responsabilité générale de tous les travaux qui y sont exécutés; par un inspecteur qui préside particulièrement à la fabrication, et par un contrôleur qui exerce une surveillance active sur toutes les opérations, mais sans avoir de pouvoir d'exécution. Enfin ces trois fonctionnaires forment le conseil supérieur de la manufacture pour trancher les questions de service intérieur; ces divers employés sont pris presque tous depuis

1831, parmi les élèves de l'École-Polytechnique ; c'est ainsi que la plus complète garantie basée sur la théorie scientifique et l'expérience la plus positive, est donnée par l'État aux consommateurs.

Les tabacs sortent des manufactures pour entrer dans les magasins de trois cent cinquante-sept entreposeurs, auxquels ils sont vendus et expédiés au fur et à mesure de leurs commandes. Chaque entreposeur ne peut s'adresser pour ses demandes qu'à une seule manufacture pour les tabacs ordinaires. C'est une précaution que l'administration a prise pour que toutes les manufactures écoulent toujours leurs produits au fur et à mesure de leur fabrication ; autrement, il pourrait arriver que, par suite de préjugés (bien que l'administration s'attache à ce que la fabrication soit exactement la même partout), il y ait encombrement des produits de certaines d'entr'elles. Enfin ce sont les entreposeurs qui fournissent les débitants.

Le tabac tout fabriqué n'est pas prohibé à nos frontières, seulement il y est frappé de droits tellement élevés qu'ils équivalent presqu'à une entière prohibition. Aussi n'entre-t-il en France qu'en contrebande. L'exportation est aussi pour ainsi dire nulle, à cause du prix très-élevé du tabac de la régie relativement aux prix des tabacs fabriqués chez tous nos voisins.

Au surplus quelques chiffres pourront donner une idée de l'importance des bénéfices de la régie et de ceux attribués comme rétribution aux débitants :

DÉSIGNATION des TABACS.	Prix de revient à la Régie par kilogramme.	PRIX DE VENTE		BÉNÉFICE PAR KILOGR.	
		au débitant.	au consomm^t	de la régie	du débitant
	f. c.	f. c.	f. c.	f. c.	f. c.
Supérieur à priser, .	2.09	11.10	12.00	9.01	0.90
Supérieur à fumer, .	2.47	11.10	12.00	8.65	0.90
Ordinaire à priser, .	1.44	7.25	8.00	5.81	0.75
Ordinaire à fumer, .	1.98	7.25	8.00	5.27	0.75
Cigares à 10 cent.,	7.42	22.00	25.00	14.58	3.00
Cigares à 5 cent.,	3.45	11.00	12.50	7.55	1.50

Quant aux bénéfices annuels de la régie, ils se composent naturellement de l'excédant des recettes sur les dépenses, plus des augmentations survenues dans le matériel de la régie (manufactures, matériel, approvision-

ANNÉES.	BÉNÉFICES de la Régie.
	f. c.
pour 1815	32.125.505.00
1820	42.619.604.00
1825	44.593.057.00
1830	45.632.490.00
1835	51.700.181.00
1840	70.111.157.00
1845	78.659.277.00
1850	92.692 938.00
1851	95.713.271.00
1855 (pr évaluat.)	107.000.000.00

nements, etc.). Le bénéfice annuel augmente d'ailleurs très-rapidement, ainsi qu'on en jugera par les chiffres du tableau qui précède, lesquels peuvent donner une idée de l'extension que prend chez nous l'usage du tabac.

D'après ces chiffres, on pourra aussi reconnaître que c'est surtout à partir de 1830 que l'usage du tabac et les bénéfices dont il s'agit, se sont accrus dans une progression dont l'augmentation annuelle paraît être actuellement de plus de trois millions de francs, mais dont on ne saurait maintenant assigner le terme.

Enfin la totalité du revenu produit par l'impôt du tabac depuis l'établissement de la régie en 1811, jusqu'à la fin de 1854, s'élève à plus de QUATRE MILLIARDS DE FRANCS.

En face d'un résultat si important et si facile à obtenir, il faut reconnaître qu'en ce qui est du tabac, rien n'est préférable au système actuellement en vigueur, parce que d'une part la taxe sur le tabac paraîtra toujours aux hommes éclairés, la plus sage et la plus juste, puisqu'elle porte sur une consommation que l'habitude seule a pu rendre nécessaire, qui le plus souvent est superflue, quelquefois nuisible, et toujours volontaire. Que d'autre part ce système offre aux consommateurs toutes les garanties de la science, pour qu'ils soient préservés des falsifications plus ou moins dangereuses pour la santé, auxquelles l'appât du gain pourrait entraîner l'industrie dans un commerce libre; et terminons enfin ce chapitre quatrième et notre petite monographie du tabac en concluant : *que tant pour l'État que pour les particuliers,*

LE MIEUX EST QUE LE SYSTÈME DU MONOPOLE SOIT TOUJOURS MAINTENU.

Paris. — Imp. Carion, r. Richer, 20.

POUR PARAITRE PROCHAINEMENT :

Petite monographie de la Poste aux lettres.

Petite monographie de la Poudre à feu.

Etc., etc.

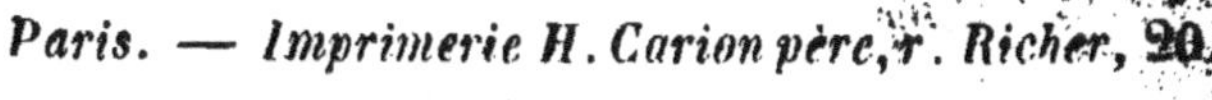

Paris. — Imprimerie H. Carion père, r. Richer, 20.

www.ingramcontent.com/pod-product-compliance
Lightning Source LLC
LaVergne TN
LVHW020644200726

843508LV00002B/658